图解数学思维训练课

STEAM 综合训练 ①

货币与时间篇

▶ 配 **8** 节定制动画课

憨爸　胡　斌
叶展行 —— 著

人民邮电出版社

北京

图书在版编目（ＣＩＰ）数据

图解数学思维训练课 ：STEAM综合训练. 1，货币与
时间篇 / 憨爸，胡斌，叶展行著. -- 北京 ：人民邮电
出版社，2022.1
　ISBN 978-7-115-56344-6

　Ⅰ．①图… Ⅱ．①憨… ②胡… ③叶… Ⅲ．①小学数
学课－习题集 Ⅳ．①G624.505

中国版本图书馆CIP数据核字(2021)第071951号

内 容 提 要

应用题是小学数学学习中的难点和考试中的易错点。本书通过画图"建模"的方法，帮助小学阶段的孩子理解题目，进而厘清题目中的各类数量关系，引导孩子把问题转化为算式，快速解答各类应用题。

书中的章节分为两大类：一是知识点讲解及训练，通过循序渐进的讲解来培养孩子的图形化思维，并辅以大量的思维训练巩固学习效果；二是 STEAM 项目，引入先进的项目制学习体验，通过生动有趣的科学、工程或技术项目，训练孩子利用图形化思维来解决实际应用问题的能力。

《图解数学思维训练课：STEAM 综合训练》面向小学阶段的孩子，共分为两册，包含货币、时间、长度、质量 4 个主题，每个主题分为"应用建模"和"STEAM 项目"两章，深入浅出地给孩子讲解了如何用图形化思维来解答应用题的方法，同时提供了 STEAM 综合训练案例，帮助孩子形成良好的思维习惯与答题习惯，进而解决生活中的实际问题，为孩子初中、高中阶段的学习奠定基础。

本书还配套开发了一套视频课程，帮助孩子更好地学习。

本书由北京市西城区康乐里小学数学高级教师蒋进芳、北京市三帆中学英语教师任雨橦、北京市西城区黄城根小学英语教师孙思桐参与审校，特此感谢。

◆ 著　　　　憨　爸　胡　斌　叶展行
　责任编辑　宁　茜
　责任印制　陈　犇
◆ 人民邮电出版社出版发行　　北京市丰台区成寿寺路 11 号
　邮编　100164　电子邮件　315@ptpress.com.cn
　网址　https://www.ptpress.com.cn
　雅迪云印（天津）科技有限公司印刷
◆ 开本：787×1092　1/16
　印张：9　　　　　　　　　2022 年 1 月第 1 版
　字数：136 千字　　　　　　2022 年 1 月天津第 1 次印刷

定价：69.80 元

读者服务热线：(010)81055493　印装质量热线：(010)81055316
反盗版热线：(010)81055315
广告经营许可证：京东市监广登字 20170147 号

序言

我问大家一个问题啊，你觉得数学里什么题目最难？

我估计绝大多数的孩子都会说是"应用题"！

的确，应用题在数学考试中分值最大，分数占比也最高。更为关键的是，应用题是那种"会就是会、不会就是不会"的题目。孩子看到的就是洋洋洒洒的一大段文字描述，如果他们没办法根据文字列出正确的表达式，那这么大分值的题目很可能一分都拿不到。

针对加减法、乘除法和多步计算这一类的应用题，我之前已经出版了一套《图解数学思维训练课：建立孩子的数学模型思维》（共 3 册，包括"数字与图形·加法与减法应用训练课""乘法与除法应用训练课"和"多步计算应用训练课"），目的是帮助孩子打好基础，快速解答应用题。

而这套《图解数学思维训练课：STEAM 综合训练》（共 2 册，包括"货币与时间篇"和"长度与质量篇"）则是在前一套的基础上，利用 STEAM 综合训练，教会孩子如何解决生活、学习中常见的涉及物理概念、计量单位等知识的综合型应用题。我将新加坡数学教学中的建模法、美国的项目制学习法以及各类 STEAM 综合场景案例相结合，融入历史、艺术、科学、工程等内容，用画图的方式帮助孩子进一步提升整体的数学应用能力。

这套书包含了小学低年级阶段常见的 4 个主题，分别是：货币、时间、长度、质量，特别设计与主题紧密契合的"义卖活动""虚假的时间""伟大的高铁""将军与粮食"4 大 STEAM 项目综合案例。每个主题分成两章来深入讲解。

每个主题中的第一章会详细介绍主题所对应的知识点，并分成 3 个板块：

❶ 知识点学习：包括本章的知识点，以及例题讲解。

❷ 思维训练：针对本章内容的配套习题，帮助孩子巩固本章学到的知识。

❸ 英语小拓展：罗列了英语应用题中的关键词，帮助孩子在做英语应用题时，迅速抓到题目的核心。

第二章则设计成"STEAM 项目"的形式。我们将美国教学体系中的项目制学习法（PBL，Project-Based Learning）引入中国，把主题融入每一个项目中。通过完成项目，孩子们在解决了问题的同时，既锻炼了数学应用能力，也加深了对这些主题和相关概念的理解。

同时，为了帮助父母更好地引导孩子，我们给这套书配了 <mark>视频课程</mark>，我会用动画的形式给孩子详细讲解每一个知识点，帮助他们更加深入地理解书中的内容。在相应章的章首页，都放有视频课程的二维码，同时标注与本章内容相关的视频课程名称，扫码后就能选择观看对应章节的动画视频课程内容了！

为了帮助孩子拓展练习，我们还专门制作了一本《<mark>英语应用题练习册</mark>》，里面有 40 道与货币、时间、长度以及质量有关的全英文的数学应用题，练习册末尾会配上每道英语应用题对应的中文题目和参考答案。英语应用题阅读难度不高，词汇也很简单，但却非常有利于锻炼孩子的阅读理解能力。我们想通过这本练习册，一方面锻炼孩子的数学应用能力，另一方面训练孩子的英语阅读理解能力，两全其美！

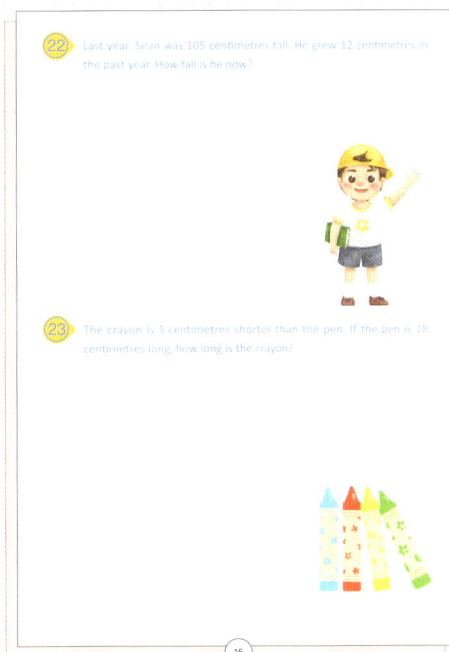

这个练习册目前为非卖品，仅做成电子版供读者下载。你可以扫描下方二维码，关注我的微信公众号"憨爸在美国"，然后在公众号内回复"数学思维"，就能获得这个练习册电子版的下载链接了！

难度图示：书中有些题目会出现☆的标志，这个标志表示题目偏难，☆越多则表示难度越高。

憨爸

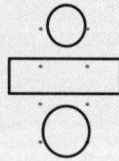

目录 Contents

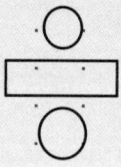

第1章

配视频课程

应用建模

之

货币

本章知识点相关视频课程：

请扫码选择本章对应的视频课程观看

▶ 第1节 货币篇（一）

▶ 第2节 货币篇（二）

知识点学习

请扫码选择
第 1 节视频课程观看

"货币"这个词对于小朋友来说可能比较陌生，但是一说到"钱"大家就都能理解了。

在生活中，钱是一种我们天天都会接触、几乎每时每刻都要跟它打交道的东西。人们一边"赚钱"，一边"花钱"。

爸爸妈妈通过工作可以赚到钱，把钱存进银行或者进行投资，就能够得到利息或赚到更多的钱。过年的时候，小朋友会收到"压岁钱"，也可以存起来，等到需要的时候再花出去。

爸爸妈妈可以用钱给小朋友买衣服、鞋子、玩具和好吃的东西，也可以用钱交学费。小朋友的压岁钱，可以用来给自己买学习用品或给爸爸妈妈买生日礼物。

每个人都离不开"货币"。

所以，我们第一步就是要认识货币。

① 认识货币

在中国，我们用的货币叫"人民币"。在超市里，我们经常可以看到下图这样的标签，这里面的"¥"就是人民币的货币符号，所以下图标签的意思是这个商品的价格是人民币 39 元。

有时候，人民币也可以用拼音首字母缩写 RMB 来表示，但是在国际上一般用 CNY 作为人民币的货币缩写。

抢购价
¥**39**
立即购买

RMB
59.00

现在，我要考一考你了！你知道世界上除了人民币之外，还有哪些常用的货币吗？它们的货币符号是什么样子的呢？

美元：$，缩写是：USD　　**日元**：¥，缩写是：JPY

欧元：€，缩写是：EUR　　**英镑**：£，缩写是：GBP

② 货币单位

人民币的单位包括"元""角""分"。

不同的单位之间还存在换算关系：

☑ 1 元 = 10 角　　　☑ 1 角 = 10 分　　　☑ 1 元 = 100 分

角转换成元
÷10

分转换成角
÷10

1 元　　　　　　　　10 角　　　　　　　　100 分

元转换成角
×10

角转换成分
×10

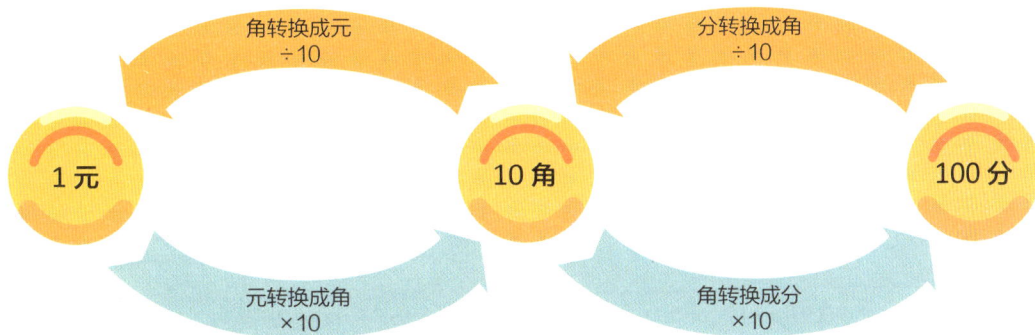

超市在表示商品价格的时候，一般用下面这样的形式：

开业价
2.48 元/个

这里的 2.48 是"小数"的形式，小数点之前的数字的单位是"元"，小数点后面紧跟着两个数字，第 1 个数字的单位是"角"，第 2 个数字的单位是"分"。

所以上面这个价格标签就表示 2 元 4 角 8 分。

3 货币加法和减法

小朋友，你们每年过生日的时候，爸爸妈妈都会给你们准备很多礼物。可是爸爸妈妈过生日的时候，你会给他们准备礼物吗？

毛毛是一个孝顺的好孩子。爸爸要过生日，毛毛一大早就起床了，她取出自己的压岁钱，出门给爸爸买礼物。

📖 典型例题 1

毛毛爸爸喜欢吃水果，因此毛毛去超市给爸爸买了好多好吃的水果，有苹果，还有梨子。
其中买苹果花了 28 元，买梨子花了 19 元。
请问，毛毛买水果一共花了多少钱呢？

我们先画图：

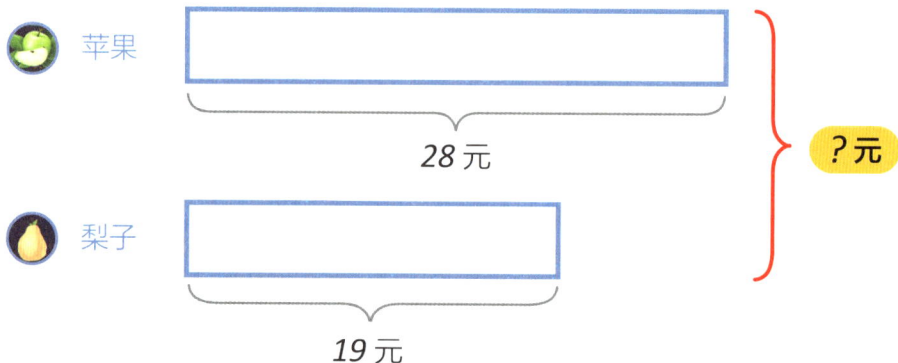

也可以这样来画：

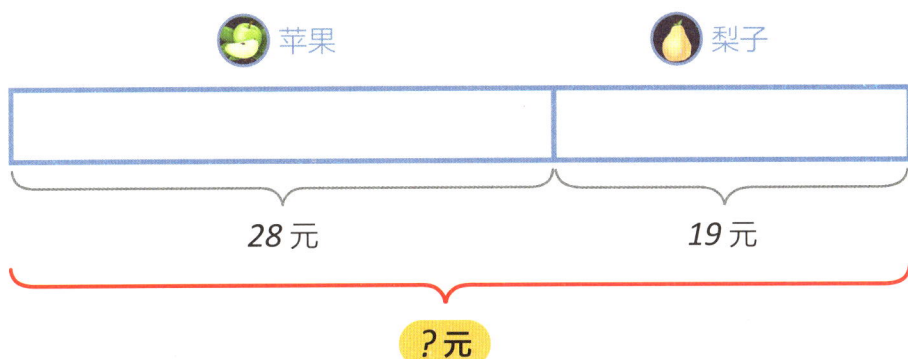

🍏苹果　　　　　　　🍐梨子

28 元　　　　　　19 元

?元

我们很容易就看出来，这是一道加法题。

列出算式：

$$28 + 19 = 47（元）$$

答：毛毛买水果一共花了 47 元。

我们再来看一道题。

📖 典型例题 2

买水果一共需要 47 元，毛毛给了店员 100 元钱，店员该给毛毛找零多少钱呢？

我们先画图：

100 元

47 元　　　　　　?元

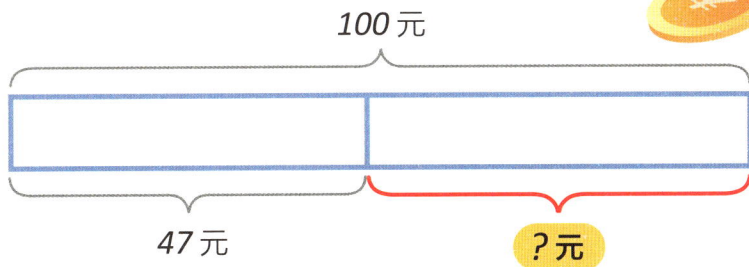

从上图可以看出，这是一道减法题。

列出算式：

$$100 - 47 = 53（元）$$

答：店员该给毛毛找零 53 元。

4　货币乘法和除法

典型例题 1

接着毛毛又去了糕饼店给爸爸买他最喜欢吃的小点心，每块小点心的价格是 5 角钱，毛毛一共买了 6 块，两块给妈妈，两块给爸爸，还剩两块给自己。那么，毛毛买小点心一共花了几元钱呢？

先把图画出来：

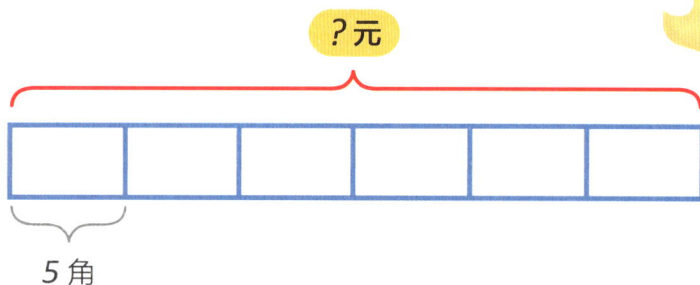

很显然，这是一道简单的乘法题。

列出算式：

$$5 \times 6 = 30（角）$$

这里要注意一下，我们计算出来的结果是"30"，单位是"角"，而题目问的是花了几元钱，单位是"元"。所以这里需要注意单位换算的问题。

我们把 30 角换算成以"元"为单位的形式：

30 角 = 3 元

答：毛毛买小点心一共花了 3 元。

典型例题2

回家后，爸爸看到毛毛给自己准备的礼物可开心了！
他一边吃着苹果，一边问："这个苹果太好吃了，买 1kg
需要多少钱啊？"
毛毛拿出了购物单。购物单上显示：毛毛买了 4kg 苹
果，一共 28 元。
买 1kg 苹果究竟需要多少钱呢？你能帮毛毛回答爸爸的问题吗？

先把图画出来：

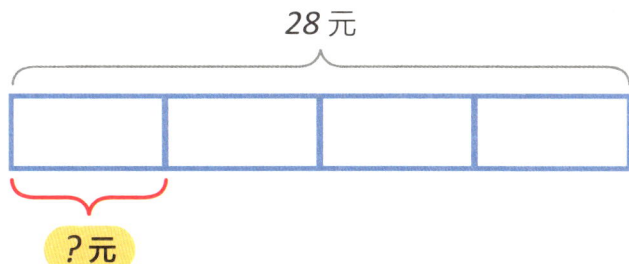

28 元

? 元

很显然，这是一道简单的除法题。

列出算式：

$$28 \div 4 = 7（元）$$

答：买 1kg 苹果需要 7 元。

⑤ 货币混合运算

上面举的例子都是比较简单的问题，但是我们遇到的题目
可能比这些例子更复杂，常常需要分步计算才能算出答案。

典型例题1

到了吃饭时间，毛毛拿出了事先准备好的蛋糕和生日
贺卡送给爸爸。
蛋糕的价格是贺卡的 4 倍，毛毛当时付给店员 100 元，后来店员找
给她 30 元钱。你知道毛毛买蛋糕和生日贺卡各花了多少钱吗？

我们先来画图：

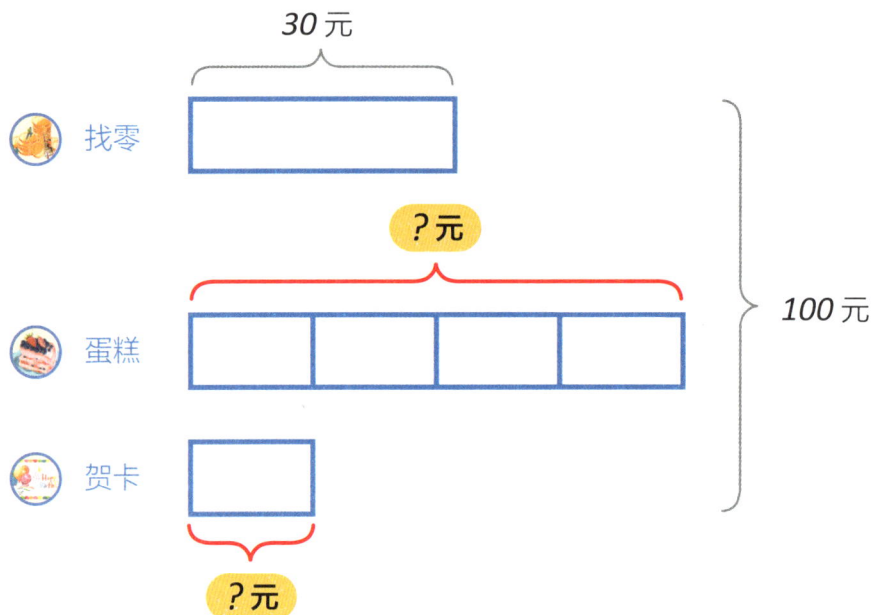

这一题乍一看有点复杂，我们来分析一下。已知量有 3 个，而且这里面还有一个"找零"的概念（"找零"就是毛毛拿出 100 元给店员，减去商品所花费的部分，店员还给毛毛 30 元的过程），所以毛毛买蛋糕和贺卡一共花了多少钱呢？很简单，这是一个减法问题，列出算式：

$$100 - 30 = 70（元）$$

这样一来，这一题就简化成了下面的图：

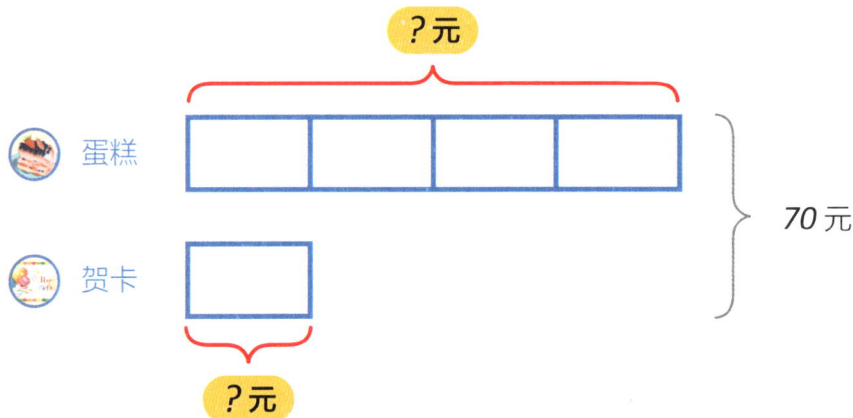

这就变成 "和倍" 问题了。从图上看,70 元一共是多少个方框啊?

蛋糕是 4 个,贺卡是 1 个,所以一共有 5 个方框。

那一个方框代表多少钱呢?

这是一道除法题,列出算式:

$$70 \div 5 = 14(元)$$

买贺卡花了多少钱?

答案是 14 元。

那么买蛋糕花了多少钱? 很简单,我们可以列出算式:

$$14 \times 4 = 56(元)$$

答:毛毛买蛋糕花了 56 元,买生日贺卡花了 14 元。

🧠 典型例题 2

> 爸爸收到毛毛给自己准备的生日礼物,开心极了,于
> 是对毛毛说:"周六我们一家三口去动物园玩吧!"
> 到了周六,毛毛、妈妈、爸爸一起到了动物园。
> 进入动物园需要购票,一张成人票 15 元,儿童票比成
> 人票便宜 7 元钱。
> 你知道毛毛一家三口买票一共要花多少钱吗?

我们先来画图：

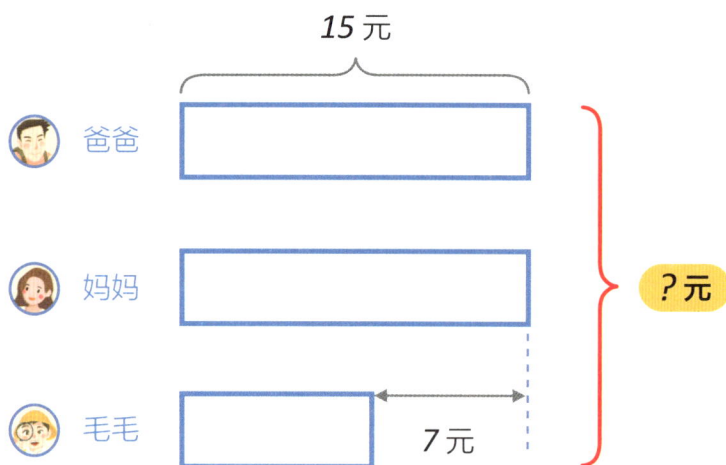

爸爸和妈妈需要买成人票，毛毛需要买儿童票，但我们不知道儿童票的票价是多少钱。为了计算总票价，首先得计算出儿童票的票价才行。

这道题目我们可以分两步来做。

第一步　算出儿童票的票价是多少钱：

$$15 - 7 = 8（元）$$

第二步　算出总票价：

$$15 + 15 + 8 = 38（元）$$

答：毛毛一家三口买票一共要花 38 元。

典型例题 3

这时候，爸爸发现自己没有带足够买一家三口门票的钱。还好妈妈知道爸爸粗心，特意多带了钱出来。妈妈拿出来一些钱，这些钱比爸爸带来的多 30 元，这样他们一共有 50 元。
你知道妈妈拿出了多少钱吗？

我们先来画图：

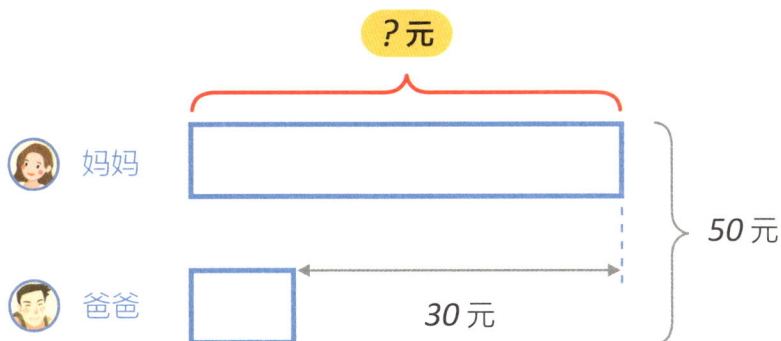

妈妈拿出来的钱比爸爸多 30 元，也就是如果爸爸的钱增加 30 元，就和妈妈一样多了。同样地，如果爸爸的钱增加 30 元，爸爸和妈妈的钱的总额也会增加 30 元。

我们可以这样画图：

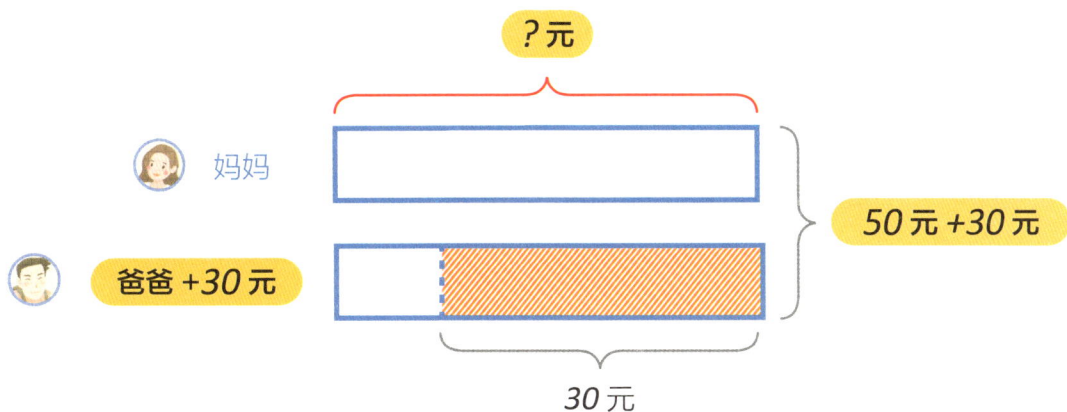

图上的阴影部分，就是爸爸增加的 30 元，上图中展现出两个变化。

第一，爸爸妈妈的钱的总数变成了：

$$50 + 30 = 80（元）$$

第二，爸爸和妈妈的钱变得一样多，因此，妈妈拿出来的钱是：

$$80 ÷ 2 = 40（元）$$

答：妈妈拿出了 40 元。

妈妈和爸爸又都取了些钱。

典型例题 4

如果取钱后妈妈给爸爸 5 元钱，妈妈还比爸爸多 4 元。请问，妈妈取钱后比爸爸多多少钱？

我们画图：

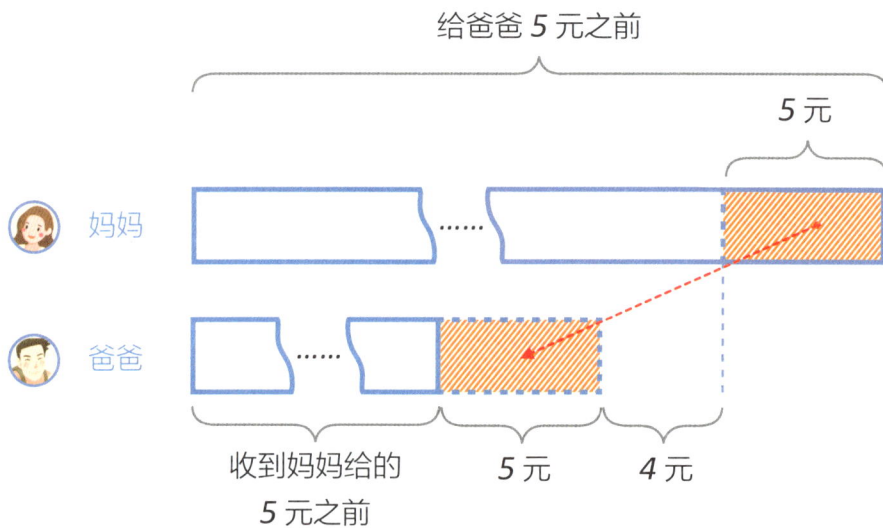

给爸爸 5 元之前

5 元

妈妈

爸爸

收到妈妈给的
5 元之前

5 元　　4 元

图上阴影部分表示妈妈拿了 5 元钱给爸爸。此时，妈妈的钱依旧比爸爸多 4 元。

接着，我们在图上把妈妈原来比爸爸多出来钱的部分标出来：

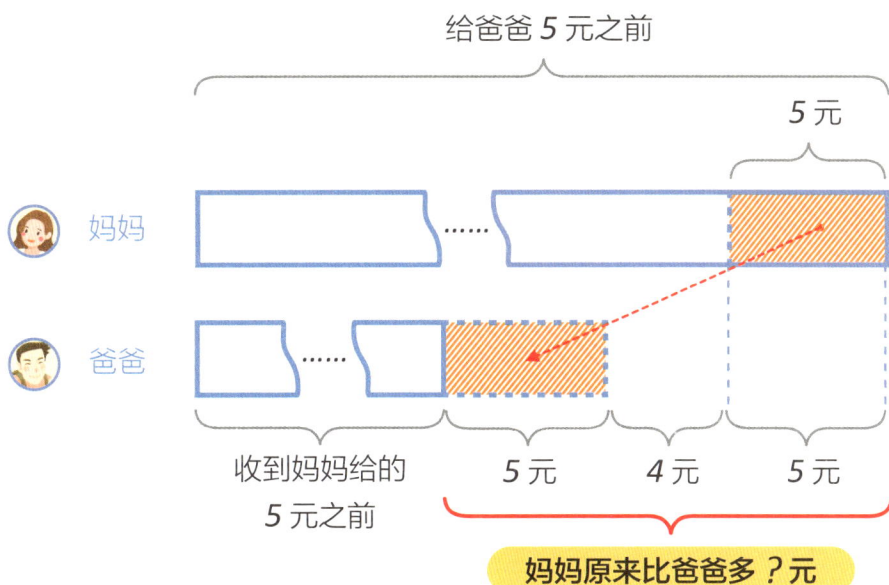

给爸爸 5 元之前

5 元

妈妈

爸爸

收到妈妈给的
5 元之前

5 元

4 元

5 元

妈妈原来比爸爸多 ? 元

这样，答案已经很明显啦。

$$5 + 4 + 5 = 14（元）$$

答：妈妈取钱后比爸爸多 14 元。

典型例题 5

晚上回到家后，妈妈剩下 25 元，爸爸剩下 11 元。请问，妈妈给爸爸多少钱后，他们的钱一样多？

我们先来画图。一开始，妈妈有 25 元，爸爸有 11 元。

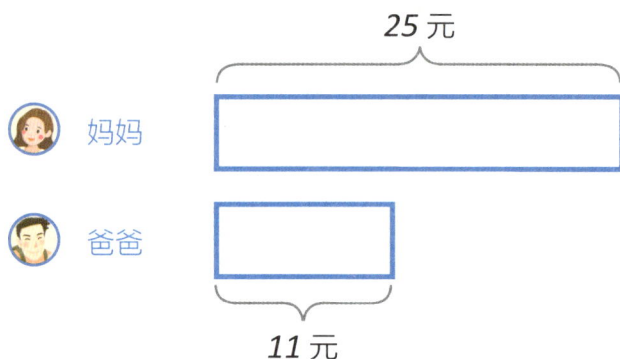

接着，妈妈给了爸爸一部分钱，这样，他们的钱就一样多了。

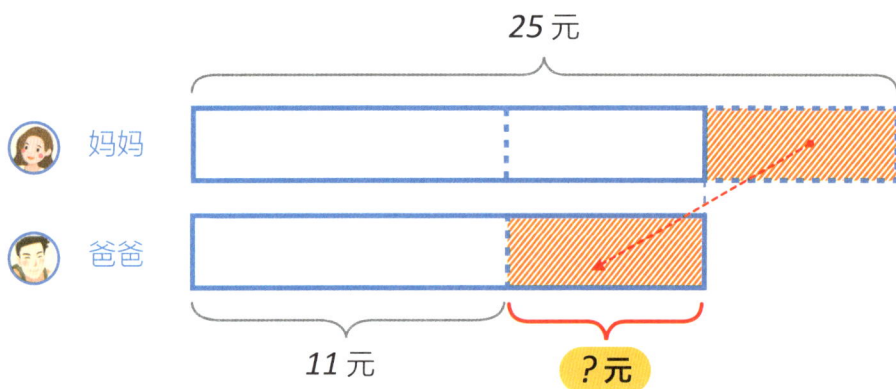

上图中橙色的阴影部分从上面挪到了下面，这样上下就一样长了（橙色阴影挪动的过程代表妈妈给了爸爸一些钱后，他们的钱变得一样多）。不过，挪过去的阴影部分代表多少钱呢？

我们来看下面的图：

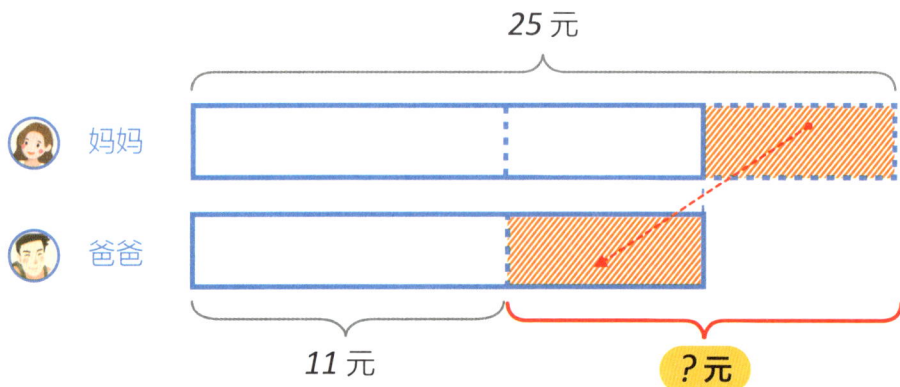

红色括弧部分代表的钱是多少呢？仔细观察后，我们可以发现，这部分代表了在妈妈把一部分钱给爸爸之前，妈妈比爸爸多的钱数。原先妈妈有 25 元，爸爸有 11 元，因此，妈妈比爸爸多的钱就等于：

$$25 - 11 = 14（元）$$

接着，我们再看下图：

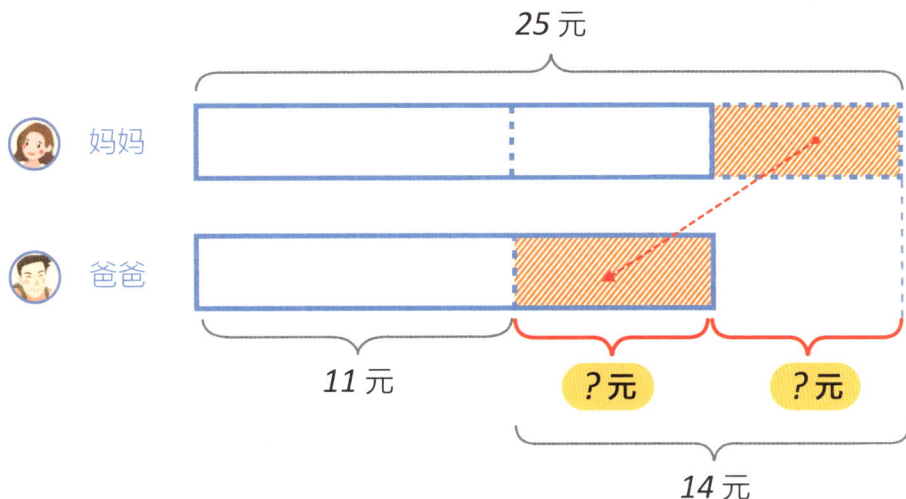

原来，这 14 元刚好等于两个相等的阴影部分的和。

因此，一个阴影部分就等于：

$$14 \div 2 = 7（元）$$

答：妈妈给爸爸 7 元钱后，他们的钱一样多。

⑥ 收支平衡问题

请扫码选择
第 2 节视频课程观看

小朋友们，我们前面说的都是"花钱"，用钱可以买到好玩的玩具、好看的衣服、好吃的零食。

但是你们有没有想过，钱是从哪里来的呢？

对了，钱是爸爸妈妈通过辛勤工作赚来的。

虽然你们还小，不能自己去赚钱，需要花爸爸妈妈的钱。但你们也应该知道，赚钱很不容易呢！

先带大家了解几个关于赚钱的词。

收入　　赚到的钱就是收入，比如爸爸妈妈一个月一共赚到 1 万元钱，这就是收入。

支出　　花出去的钱就是支出，比如每个月家里都要交电费、水费、燃气费，小朋友要买玩具、买书、买好吃的食物等，这些都是支出。

盈余　　如果收入大于支出，那就是有盈余。

亏损　　如果收入小于支出，那就是亏损了，表示赚到的钱还不够花，因此需要更加努力地工作啦！

毛毛为了体验爸爸妈妈赚钱的不容易，于是在暑假期间，自己尝试着去赚钱。

大型超市门口的人流量很大，毛毛决定在那儿摆一个卖橙汁的小摊位。

在超市门口摆摊位，是需要交租金的，因此毛毛先得花钱租一个小摊位，摊位的租金是 230 元 / 天。

序号	支出	价格
1	租金	230 元 / 天

毛毛采购了一些原材料。榨橙汁用的原材料就是橙子，一杯做好的橙汁还需要杯子和吸管。下表是一张简单的原材料价格表：

序号	原材料	价格
1	橙子	12 元 /kg
2	杯子 + 吸管	0.5 元 / 套

收入

毛毛用 1kg 橙子可以榨两杯橙汁，一杯橙汁可以卖 18 元。

那么 1kg 橙子可以产生多少收入呢？

画图并列出算式：

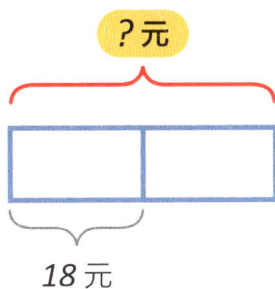

?元

18 元

$$18 \times 2 = 36（元）$$

答：1kg 橙子可以产生 36 元的收入。

🛍 支出

如果不算摊位租金，1kg 橙子做成果汁，材料支出是多少元？

1kg 橙子可以榨两杯橙汁，所以需要两个杯子和吸管。我们可以这样画图：

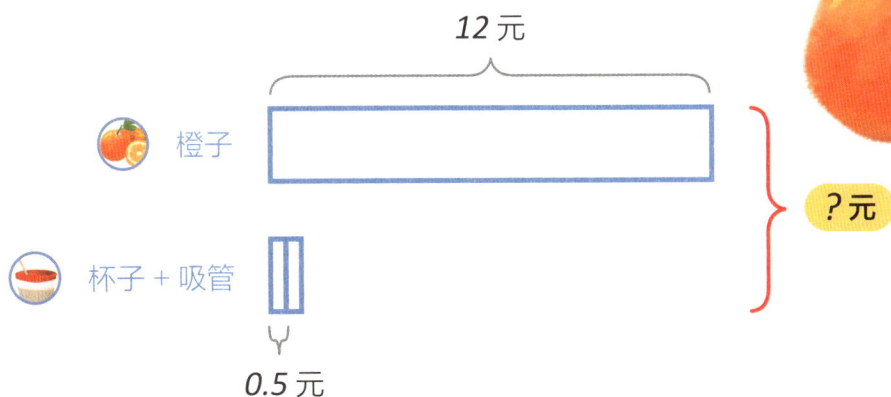

12 元

🍊 橙子

?元

🥤 杯子 + 吸管

0.5 元

列式如下：

$$0.5 \times 2 = 1（元）$$

$$12 + 1 = 13（元）$$

答：如果不算摊位租金，1kg 橙子做成果汁，材料支出是 13 元。

盈余

毛毛想要算出在不算摊位租金的情况下，每消耗 1kg 橙子做橙汁，可以有多少盈余？

可以列出如下算式：

$$36 - 13 = 23（元）$$

答：每消耗 1kg 橙子做橙汁，可以有 23 元盈余。

哇！1kg 橙子就可以赚到 23 元！不错哦！

但是别高兴得太早，因为毛毛每天都要交给超市 230 元摊位租金。

考虑租金

如果毛毛一天用掉了 8kg 橙子，并且把果汁都卖光，能赚到钱吗？

让我们帮毛毛算一算，先画图：

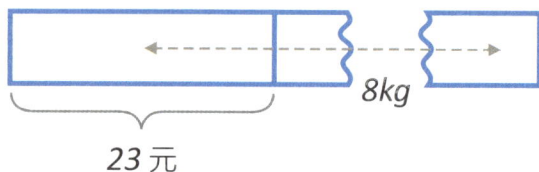

8kg

23 元

列式如下：

$$23 \times 8 = 184（元）$$

所以，如果不算租金，可以赚到 184 元。

那么，请你想一想，她可以赚到钱吗？

答案当然是不能啦！

因为她还得交 230 元的租金，而 184 元 < 230 元。

赚到的钱还不够交租金，所以实际上这样是亏损的。

答：如果毛毛一天用掉了 8kg 橙子，并且把果汁都卖光，也不能赚到钱。

你看，辛辛苦苦工作一天，用掉了 8kg 的橙子，卖了 16 杯橙汁，非但没有赚到钱，还亏钱了！所以，工作真的很辛苦，想要有盈余还要更加努力才行！

⚖ 收支平衡

因此，现在毛毛必须要考虑下面的问题。

> 一天要用掉多少橙子做果汁并卖出去，才不会亏损呢？

前面已经算过了，毛毛至少要赚到 230 元，才刚刚够交租金。我们可以画出下面的图：

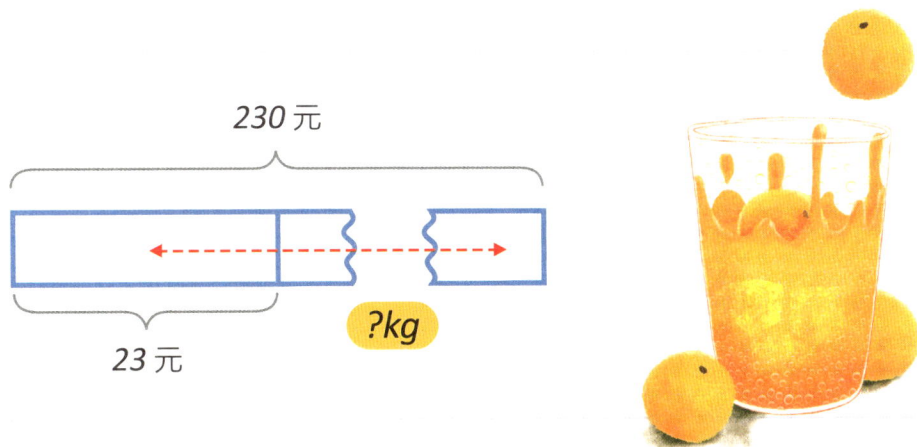

230 元

23 元

?kg

列出算式：

$$230 \div 23 = 10 \,(\text{kg})$$

答：一天要用掉 10kg 橙子做果汁并卖出去，才不会亏损。

经过计算，一天至少要用掉 10kg 橙子，卖出 20 杯橙汁，赚到的钱才够交租金，这样就刚好实现了收入和支出的平衡，也就是收支平衡，既不赚钱也不亏钱。

可是，毛毛辛辛苦苦工作一天，还是想赚钱的，那该怎么办呢？

赚钱

很简单，想要赚钱，那毛毛必须用掉超过 10kg 的橙子。

算一算，如果毛毛用了 15kg 的橙子，可以赚到多少钱？

我们可以画出下面的图：

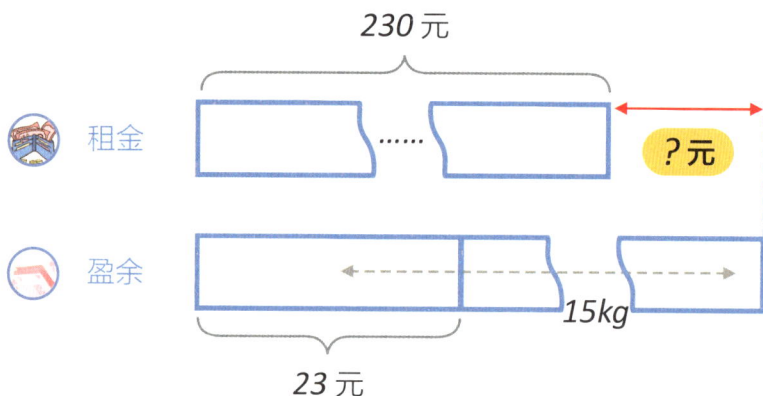

列出算式：

$$23 × 15 = 345（元）$$

$$345 - 230 = 115（元）$$

答：如果毛毛用了 15kg 的橙子，可以赚到 115 元。

哇，终于真正赚到钱啦，辛苦了一天，毛毛可以赚到 115 元!

看到了吗？赚钱其实并不容易，需要考虑的事情也很多。所以啊，我们一定要珍惜爸爸妈妈赚来的钱，学会量入为出，不要铺张浪费。

思维训练

1.　一家文具店上午卖掉了 128 元的文具，下午卖掉了 169 元的文具。请问这家文具店一天卖掉了多少钱的文具？

1　画图：

2　根据图列出算式：

答：

这家文具店一天卖掉了 _____ 的文具。

2. 过年了，妈妈去商场买新衣服，买上衣花了 180 元，买裤子花了 118 元。请问妈妈一共花了多少钱？

1 画图：

2 根据图列出算式：

答：

妈妈一共花了 _____。

3. 小林带了 10 元钱去超市买酸奶，买完酸奶后，超市店员找回来 4.5 元，请问买酸奶花了多少钱？

1 画图:

2 根据图列出算式:

答:

买酸奶花了 _____ 。

4. 小林有 56 元钱，他想买一只 79 元的足球。请问还差多少钱？

1 画图：

2 根据图列出算式：

答：

还差 _____ 。

5. 快递员叔叔送一件快递可以赚 1.2 元，今天上午他送了 80 件快递。请问今天上午快递员叔叔可以赚多少钱？

① 画图：

② 根据图列出算式：

答：

今天上午快递员叔叔可以赚 _____ 。

6. 妈妈的网络账户余额还有 127 元，她在网上购买袜子，一双袜子 11.5 元，一共要买 12 双袜子。请问妈妈的钱够吗？

① 画图：

② 根据图列出算式：

答：
妈妈的钱 _____。

7. 圆珠笔每支 1 元 6 角，小林带了 8 个 1 元的硬币、13 个 1 角的硬币，请问小林带的钱够买 6 支圆珠笔吗？

1 画图：

2 根据图列出算式：

答：

8. 妈妈买土豆花了 36 元钱,土豆价格是 6 元/kg,请问妈妈买了多少 kg 土豆?

1 画图:

2 根据图列出算式:

答:

妈妈买了 _____ 土豆。

9. Jack 和 6 个朋友一起去餐厅吃饭，他们实行 AA 制，AA 制就是每个人平均分担所有的花费。7 个人一共花了 182 元，Jack 先垫付了钱，其他人再把钱付给 Jack。请帮 Jack 算一算每个人需要付多少钱？Jack 一共应该收到其他朋友交给他的多少钱？

① 画图：

② 根据图列出算式：

答：

每个人需要付 _____，Jack 一共应该收到其他朋友交给他的 _____。

10. Tom 带了 50 元钱去逛街，买了一些图书和零食，还剩下 5 元，已知买图书的钱是买零食的 8 倍，请问 Tom 买图书花了多少钱？

① 画图：

② 根据图列出算式：

答：

Tom 买图书花了 _____ 。

11. Tom 带了 50 元钱去逛街，买了一些图书和零食，还剩下 5 元，买图书的钱比买零食的多 35 元，请问 Tom 买图书花了多少钱？

① 画图：

② 根据图列出算式：

答：

Tom 买图书花了 _____ 。

☆ 12.　今年 Tom 和 Jack 都开始存钱了，Jack 比 Tom 多存了 480 元，Jack 存的钱是 Tom 的 5 倍。请问 Jack 存了多少钱？

☆ 13. Tom 今天带了 15 元钱，Jack 带了 12 元钱。Tom 要给 Jack 多少钱，他们的钱才会一样多？

14. 超市里矿泉水的价格是 2 元 5 角一瓶，酸奶是 8 元一瓶，果汁是 12 元一瓶，Tom 买了 8 瓶矿泉水、6 瓶酸奶和 3 瓶果汁。请问他一共花了多少钱？

☆ 15. Tom 和 Jack 一共有 240 元钱，Tom 花掉了 20 元，Jack 花掉了 40 元，此时他们的钱一样多。他们原来各有多少钱？

☆ 16. Tom 开了一家水果店，他现在有 780 元。Jack 有 220 元，他花了一些钱从 Tom 的水果店里买了水果。此时 Tom 拥有的钱是 Jack 拥有的 4 倍，请问 Jack 买了多少钱的水果？

17. 小王叔叔大学毕业后到北京工作，每个月需要支出房租 2500 元、水电和燃气费 150 元、电话费 100 元、交通费 200 元，以及伙食费 2000 元。请问小王叔叔一个月的收入至少要有多少钱，才能保持收支平衡？

☆ 18. Jack 在市场租了一个摊位卖玩具车，每天的摊位租金是 300 元。他有下列几种玩具车：

序号	玩具车种类	卖出价格（元）	进货成本（元）
1	小汽车	60	30
2	卡车	90	40
3	火车	150	70

1 请问 Jack 一天需要卖出多少辆小汽车玩具，才能实现收支平衡？

2 如果今天 Jack 已经卖出了 5 辆小汽车玩具，还需要再卖出多少辆卡车玩具，才能实现收支平衡？

3 如果今天 Jack 已经卖出了 6 辆小汽车玩具、1 辆卡车玩具，
还需要再卖出多少辆火车玩具，才能实现收支平衡？

4 如果 Jack 想付完租金之后，一天净赚 200 元以上，请给出一个方案，每种型号的玩具车卖多少辆才能实现这个目标？（答案有多种）

玩具车型号	卖出数量
小汽车	
卡车	
火车	

19.　毛毛去游乐园玩。坐一次旋转木马要花 10 元，坐一次碰碰车比坐一次旋转木马少花 3 元。那么，旋转木马和碰碰车各坐一次，一共要花多少钱？

☆ 20.　毛毛买了一张海盗船的票和一张摩天轮的票，一共花了 25 元，海盗船的票比摩天轮的票要贵 3 元。请问，海盗船的票多少钱一张？

☆ 21.　毛毛拿着 10 元钱来雪糕店买雪糕，店员手里原本有 6 元。付完钱后，毛毛手里的钱和店员手里的一样多。请问，毛毛买雪糕花了多少钱？

☆ 22.　毛毛去买水，给了老板 1 元，毛毛剩下的钱比老板还多 2 元。请问买水前，毛毛手里的钱比老板手里的多多少？

英语小拓展

解决和货币有关的应用题，重点在于抓关键信息，我们理解关键信息后就能画出相应的图。对于我们来说，中文题目很好理解，但是如果题目里出现英文该怎么办呢？

这也不难，只要找准英文题目里的关键词就好了！

这里有一份关于货币的关键词的中英文对照表。

☑ 货币，钱：*money*　　　　　　☑ 收入：*income*

☑ 钱的数额：*amount of money*　☑ 成本：*cost*

☑ 赚：*earn*　　　　　　　　　　☑ 收银员：*cashier*

☑ 买：*buy*　　　　　　　　　　☑ 价格：*price*

☑ 卖：*sell*　　　　　　　　　　☑ 多少钱：*how much, how much money*

☑ 付钱：*pay*　　　　　　　　　☑ 比……多：*more than*

☑ 花费：*spend*　　　　　　　　☑ 比……少：*less than*

☑ 找零：*change*　　　　　　　　☑ 省钱：*save money*

Please solve the following word problems.

Word Problem 1：

Tom spent ¥88 on a football. He gave the cashier ¥100. How much change would he receive?

Word Problem 2：

Tom and Jack have ¥80 altogether. The amount of money that Jack has is three times the amount of money that Tom has. How much does Jack have?

第 2 章

STEAM 项目

义卖活动

1 背景知识

学校请了一位老教授给学生们做讲座。老教授提出了一个问题。

"同学们，我来考考你们，你们知道这是什么动物吗？"

"其实呀，这是我国的一级保护动物——长江鲟，它主要分布在长江和其支流中。"

"成熟的长江鲟体长 75cm～108cm，体重可达 9kg～16kg，是我国特有的珍贵大型鱼类。"

"长江鲟的化石证据表明它们最早可能出现在白垩纪，也就是说它们已经在地球上生活超过 1 亿年了。

"你们知道 1 亿年是多久吗？

"那真是很久很久了！像我们的国宝熊猫，出现在大概 800 万年以前，而人类呢，则出现在大概 200 万年以前。"

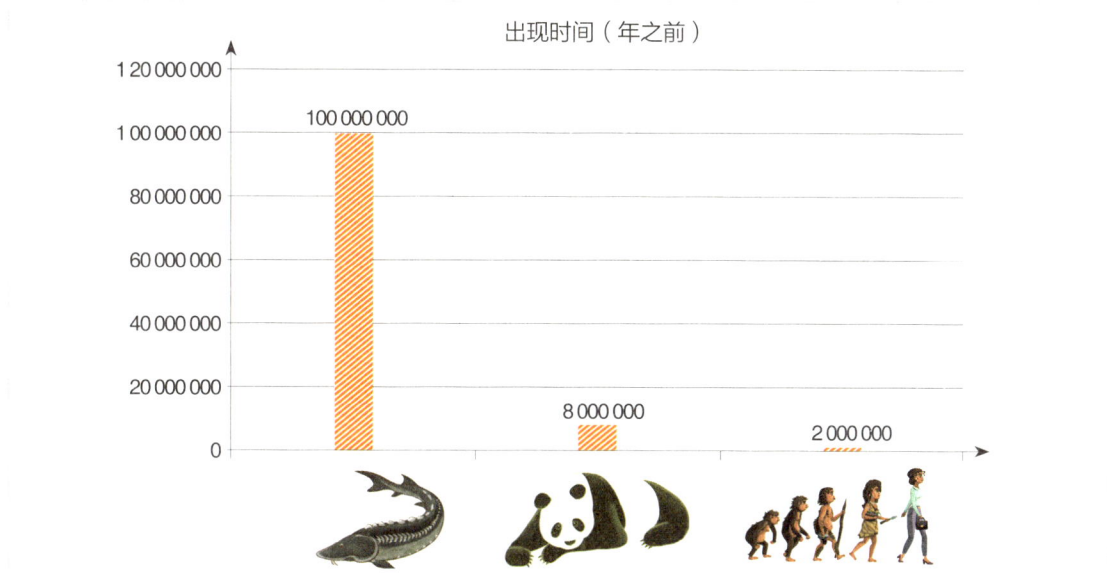

出现时间（年之前）

"你看，长江鲟出现的时间比人类要早很多很多年呢！"

"但是，长江鲟正面临着灭绝的危机，"老教授语重心长地说，"现在基本上很难找到野生的长江鲟了！"

"那可怎么办呀？"同学们很急切地问。

"我们会在实验室培育长江鲟，接着把它们放生到长江里，累积到现在，我们已经放生好几万条了！"教授补充道。

同学们听了都长舒一口气。

"不过培养长江鲟，需要很多的钱，我们的经费很有限！如果有更多资金，我们还能培育出更多的长江鲟。"

教授走后，全班同学陷入了沉思。大家都在想，怎样能帮实验室筹到款项，培育更多的长江鲟呢？

② 准备活动

毛毛同学说："我们设计一些 T 恤去义卖吧！把义卖赚到的钱捐给实验室，这样就能保护长江鲟了！"

大家都觉得这个提议非常好。

不过，该怎样策划义卖活动，才能筹集到更多的经费呢？

在活动开始之前，首先同学们要设计用于义卖的 T 恤。

步骤 01 设计 T 恤

问题 1
下面是一件白 T 恤，你会怎么设计它呢？在这件 T 恤上画出你的创意吧！

同学们最终一共设计了 3 款 T 恤： 长江鲟版、爱心版和文字版。 是不是很漂亮啊？

接下来的任务是 生产 T 恤和给 T 恤定价格。

究竟应该生产多少件 T 恤？ 每件 T 恤应该卖多少钱？ 这可不容易拿主意。

步骤 02　市场调研

毛毛同学提议做一个调研，让大家选出自己喜欢的 T 恤，这样就能预估大概的销量了。

下面是调研结果。

T 恤购买意愿调研表

哪两件是你最想买的 T 恤

T 恤样式	喜欢人数（人）
	25
	20
	15

"把数据做成柱状图吧，这样看得更清楚！"毛毛一边说，一边画。

下面是毛毛画出来的柱状图。

T 恤购买意愿调研表

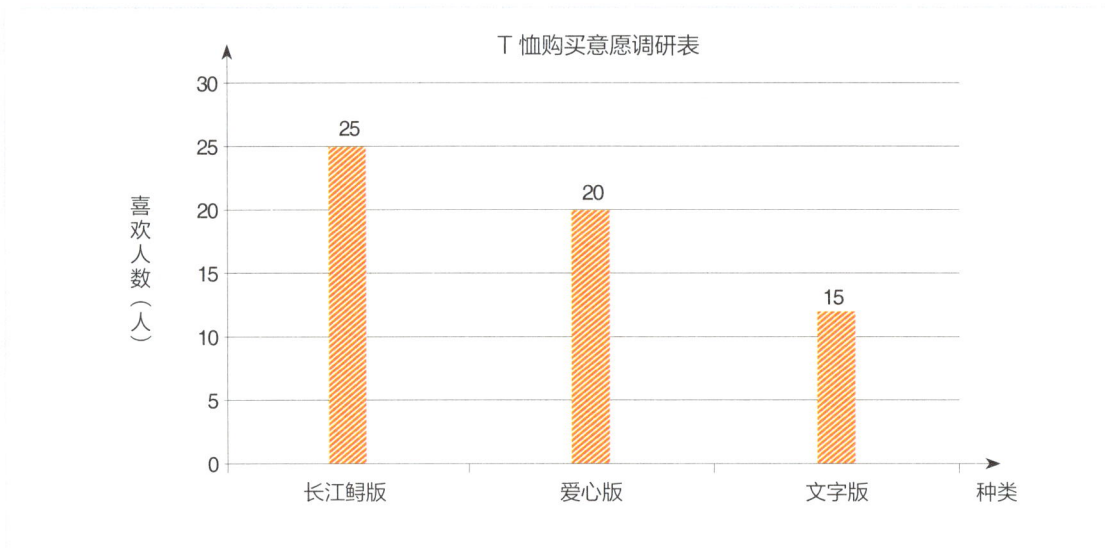

问题 2

不过，粗心的毛毛犯了一个小错误，柱状图里有一项数据是 不对的，
你能找出来并改正吗？

步骤
03 **核算成本**

做完市场调研后，同学们开始准备找工厂生产 T 恤。

果果同学找到一家工厂，老板听说要义卖，就给了他们非常优惠的报价。

"你们做的事太有意义了！为了支持你们，我只收你们成本价。如果 T 恤只有文字的话，一件 10 元，如果印图案的话，每件比只有文字的 T 恤多 2 元。"

问题 3
同学们设计的这 3 种 T 恤，找工厂生产，如果各制作 1 件，一共需要多少钱？

步骤 04 定销售价

在确定商品定价时，商家常常会将受欢迎商品的定价定得高些。于是，同学们决定按喜欢人数的多少，给 T 恤分别定 3 个价位。

不过，这 3 个价位分别应该定多少呢？

这时候，毛毛说："我们按照调研结果来定价，得票最少的 T 恤最便宜，最便宜的 T 恤的定价是成本的 2 倍，这样我们就不会赔钱啦！"

大家觉得毛毛的提议真棒！

问题 4
按照毛毛的提议，最便宜的 T 恤是哪一种？这种 T 恤每件的定价是多少钱呢？

果果问："那其他两款 T 恤应该定多少钱呢？"

毛毛接着说："第二受欢迎的 T 恤比最便宜的贵 5 元，最受欢迎的 T 恤再贵 5 元，你们觉得怎么样？"

毛毛实在太有经济头脑了！

问题 5
按照毛毛的提议，其他两件 T 恤的定价分别是多少钱？

好啦，价格也定下来了。

接下来，每款 T 恤应该生产多少件呢？生产少了，收入就会少；生产多了，就可能会有积压，也就是 T 恤卖不完，意味着成本会变高。

步骤 05 T 恤订单量

正在大家一筹莫展的时候，还是毛毛提议说："我们按参与调研的人数来确定生产量吧！有多少人参与调研，就生产多少件 T 恤。因为愿意参与调研的人，说明是想购买的！"

问题 6
调研表上一共有 60 票，每位参与调研的人都投了两票。

（1）那么，参与调研的人数是多少？　　（2）根据毛毛的提议，T 恤总的生产量是多少？

总的生产量有了，但是每一款应该生产多少件呢？

最后，大家决定每一款生产的数量都一样多，因为每位参与投票的人都有两件喜欢的 T 恤，如果一件没有了，他们还可以买另外一件。

问题 7
根据同学们的讨论结果，每款 T 恤生产多少件？

哈哈，在大家的努力下，T 恤的款式、成本、定价和生产量现在都清清楚楚了。

步骤 06　制作标签

下面是最后一步，同学们要给每件 T 恤贴上价格标签。

问题 8
下面是 3 件 T 恤，给它们分别贴上价格标签吧！（请把价格填到每件衣服的标签内。）

"哈哈，一切准备就绪，到时候一定会大卖的！"大家都很开心。

3 义卖开始！

步骤 07 开始义卖

义卖活动那天，老师也来帮忙，义卖摊位实在太火爆了！因为 T 恤款式很漂亮，定价也很便宜，所以买 T 恤的人非常多。

义卖结束后，毛毛把销售情况做成了下面这张图。

T 恤义卖销售金额

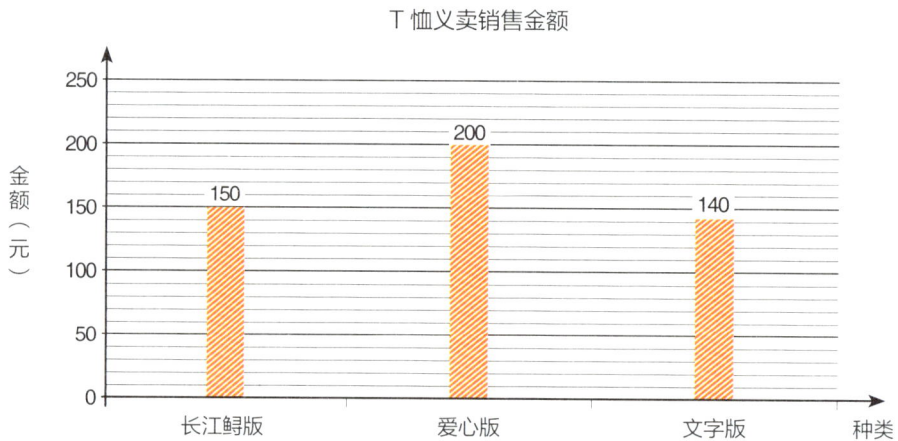

图中一根柱子代表一种 T 恤，柱子高度表示它们的销售金额。

"大家都好棒哦！这次一共卖了多少钱呀？"老师饶有兴趣地问。

问题 9
T 恤一共卖了多少钱？你能准确地告诉老师吗？

接着，老师又问："哇，真是太棒了！每种 T 恤卖了多少件呀？"

这时候，聪明的毛毛回答说："老师，让我们画一个柱状图给你看吧，这样你一看就知道了！"

问题 10
请你帮毛毛完成柱状图，把每一种 T 恤卖了多少件，准确地画给老师看。

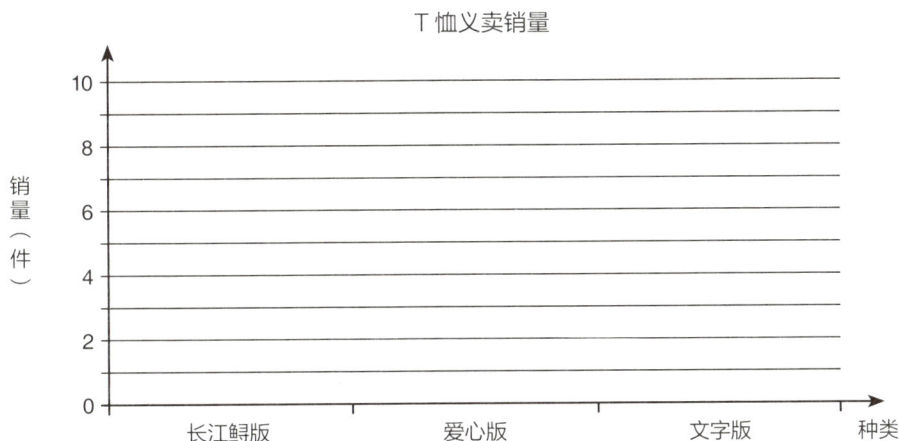

T 恤义卖销量

柱子的高度就是每一种 T 恤的销量（卖出多少件）

"你们不但 T 恤卖得好，柱状图也画得很好，真是全能的孩子！"老师向学生们竖起了大拇指。小伙伴们都乐开了花。

④ 核算利润

义卖结束后第二天，大家就迫不及待地要把钱都捐给实验室。

这时候，老师提醒说："还不行呢，因为生产 T 恤和租场地，都是有成本的。所以要从销售额里把这两个成本都扣掉，剩下的才是这次义卖的利润。"

步骤 **08** 核算利润

下面是这次义卖活动的单项成本表。

	单位	成本（元）
T 恤（纯文字版）	件	10
印图案的 T 恤增加的费用	件	2
场地租金	天	20

问题 11

同学们一共向工厂订了 30 件 T 恤，每款 10 件。T 恤的总成本一共是多少钱？

问题 12

这次义卖一共租了两天场地。场地租金是多少钱？

问题 13
这次 T 恤义卖的总成本是多少？

问题 14
这次义卖活动的利润是多少？

后来，实验室为了感谢大家，还专门给学校送来了徽章和感谢信。感谢信上写着："亲爱的同学们，感谢你们对长江鲟保护工作的支持，你们都是动物保护小英雄！"

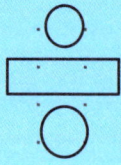

第 3 章

配视频课程

应用建模

之

时间

本章知识点相关视频课程：

▶ 第 3 节　时间篇（一）

▶ 第 4 节　时间篇（二）

请扫码选择本章对应的视频课程观看

知识点学习

请扫码选择
第 3 节视频课程观看

① 认识时间

　　在数学应用题中，经常会遇到一些关于时间的问题，比如知道开始时间和结束时间，求时间间隔（后文例题中称为时间长度）；或者知道开始时间和时间间隔，求结束时间。这些问题其实考察的都是"时间"这个知识点，"时间"可以用来记录事情发生的先后顺序，以及间隔的长短。

　　我国古时候，会用日晷来计时，它是利用太阳照射晷针投下的影子来计时的。

也会用铜漏壶，它是利用滴水来计时的。

但是古代的计时方法有很多弊端，比如精度很低，无法满足人们的生活需要，也很容易失效，如阴天的时候日晷就无法使用。

目前，国际上采用时（hour）、分（minute）、秒（second）的计时标准，一天 24 小时，每小时 60 分钟，每分钟 60 秒。

单位（中文）	单位（英文简写）	单位（英文全称）
天、日	d	day
小时	h	hour
分	min	minute
秒	s	second

☑ 1 d = 24 h　　☑ 1 h = 60 min　　☑ 1 min = 60 s

它们之间的换算关系是：

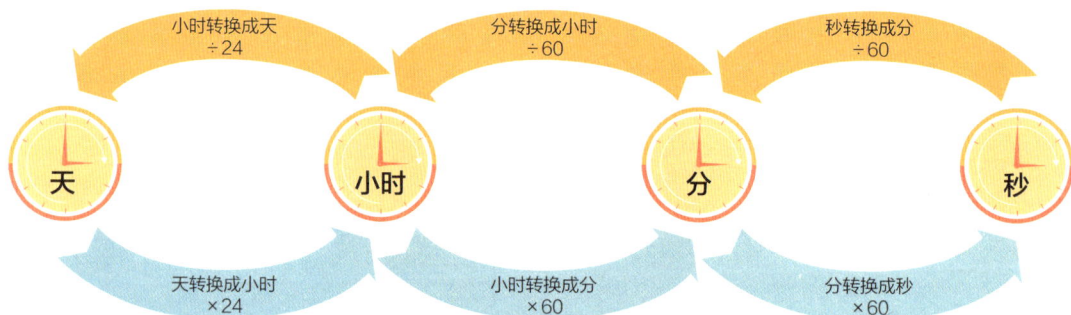

我来考考你们，下面的时间换算，你们会吗？

1 h = _____ min　　　　90 s = _____ min

1 min = _____ s　　　　3 min = _____ s

1 d = _____ h　　　　1 h 24 min = _____ min

120 min = _____ h　　　　155 s = _____ min _____ s

时间有两个特点：

1. 时间采用混合进制，而不是人们习惯的十进制。1 天 = 24 小时，这里采用的是二十四进制；1 小时 = 60 分，1 分 = 60 秒，这里采用的是六十进制。

  1分＝60秒

  1小时＝60分

2. 时间有方向。比如从 7 点开始的半小时后，与从 7 点开始的半小时前，时间的方向是反的。

② 时间的画图方法——线段图

因为时间的特点，在遇到与时间有关的题目时，要用与其他章节不同的画图方法，来帮助我们思考。这就是 线段图 ！

> 你们都读过《龟兔赛跑》的故事吧，骄傲的小兔子和坚持不懈的小乌龟是好朋友。
>
> 有一天，小兔子要到小乌龟家里玩。
>
> 小兔子上午 9:00 出门，按它的速度，预计 20 分钟就能到小乌龟家。
>
> 那么，小兔子预计几点能到小乌龟家？

我们试试用画线段图的方法来回答这个问题吧。

1. 我们先画出"整点线段图"。线段图两端是长的竖线，代表相邻的整点。题目已知的关键条件是"小兔子上午 9:00 出门"，于是我们在左边的竖线底部标注"上午 9:00"，在右边的竖线底部标注"上午 10:00"；中间是长的横线，用来表示上午 9:00 到上午 10:00 之间的所有时间。

上午 9:00　　　　　　　　　　　　　　　　　　　　　　　　　上午 10:00

2. 接着我们画出"跨度线段图"。根据题目的意思，小兔子 20 分钟就能到小乌龟家，于是我们在上午 9:00 与上午 10:00 之间画一条短竖线；然后以"现在"为起点，画一条带右箭头的弧形虚线，箭头指向刚才画的短竖线，并标上 20 分钟。

20 分钟

上午 9:00　　　　　　　　　　　　　　　　　上午 10:00

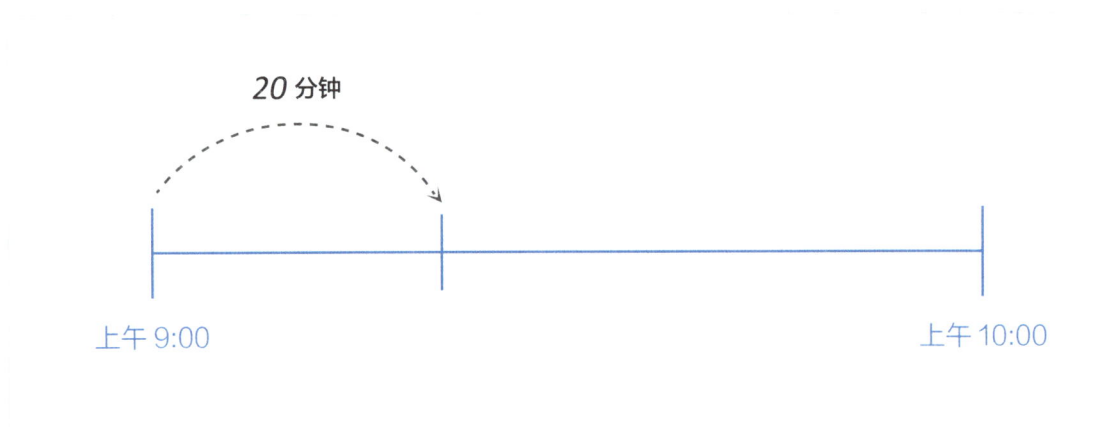

3. 最后把提问的未知量标上。题目问的是从上午 9:00 开始，过 20 分钟后是几点，于是，我们在刚才画的短竖线底下标上问号。这样，整个线段图就画好了。

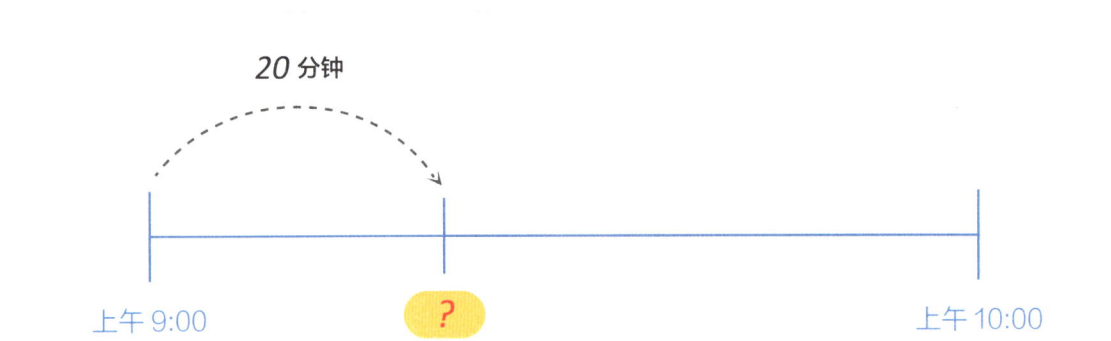

20 分钟

上午 9:00　　　　　　　**?**　　　　　　　　　上午 10:00

你看，上面的线段图形象地把题目的所有关键信息都包含了，这样我们就不会理解错题目的意思了。

最后列算式计算：

上午 *9:00* + 20 分钟 = 上午 *9:20*

答：小兔子预计上午 9:20 能到小乌龟家。

这里还要特别注意，题目里面的时间包含"上午"，用的是 12 小时制，因此，我们作答时也要加上上午（a.m.）或者下午（p.m.）的标识。

我们总结一下画线段图的注意事项。

❶ 用长竖线表示整点。

❷ 用短竖线表示整点以外的时间。

③ 在竖线处标出已知信息。

④ 以带箭头的弧线代表时间间隔，并标出具体数量。

⑤ 在线段图上标出要求解的未知时间。

别看上面的题目很简单，当后面遇到难度更高的题目时，线段图可以帮我们整理思路，避免出错！

③ 基本题型

我们先来做几道基本的题型。

📖 基本例题 1 已知**开始时间**和**结束时间**，求时间长度：

> 小兔子上午 9：20 到小乌龟家后，小乌龟很开心，说要请小兔子吃蛋糕，等它们吃完后，刚好是上午 10:00。那么，小兔子和小乌龟吃蛋糕花了多长时间？

我们先画出线段图：

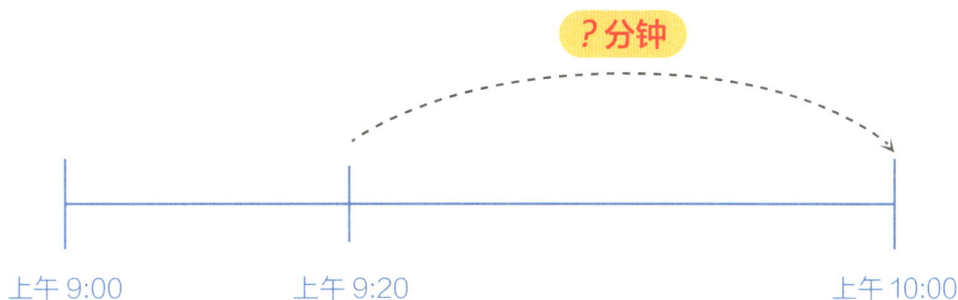

列出算式：

上午 10:00 – 上午 9:20 = 40 分钟

答：小兔子和小乌龟吃蛋糕花了 40 分钟。

📑 **基本例题 2** 已知**开始时间**和**时间长度**，求**结束时间**：

> 吃完蛋糕后，他们一起玩捉迷藏，他们从上午 10:00 开始玩，一共玩了 40 分钟。
> 那么，小兔子和小乌龟是在什么时候结束捉迷藏的？
>
> 1、2、3……

这道题是不是在哪里见过？没错，这道题和上一节教你画线段图的题目类似，下面，你试试用画线段图的方法解答出来吧！

首先，画出线段图：

40 分钟

上午 10:00　　　　　　　　　　　? 　　　　　　上午 11:00

列出算式：

上午 *10:00* + 40 分钟 = 上午 *10:40*

答：小兔子和小乌龟是在上午 10:40 结束捉迷藏的。

📑 **基本例题 3** 已知**结束时间**和**时间长度**，求**开始时间**：

> 在玩捉迷藏的时候，小乌龟连续赢了小兔子好几次，小兔子这么骄傲，当然很不开心了。小乌龟一直安慰小兔子，过了很久，小兔子还是很不开心。
> 于是，小兔子说："我一定要赢回来！"说完，小兔子就回家了。

小兔子在回家的路上还是花了 20 分钟，它是在中午 12:00 到家的。

那么，小兔子是在什么时候离开小乌龟家的？

我们画出线段图：

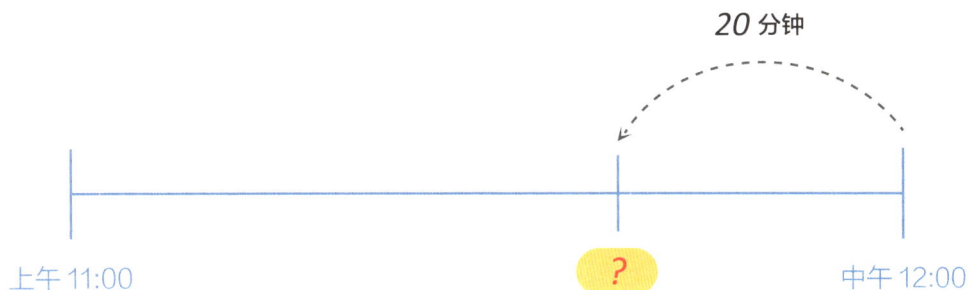

20 分钟

上午 11:00   ?   中午 12:00

列出算式：

中午 12:00 − 20 分钟 = 上午 11:40

答：小兔子是在上午 11:40 离开小乌龟家的。

④ 难度大一些

上面的题目都很简单，下面我们加大一点难度，试试下面的线段图要怎么画？

从上午 9:15 开始，过 2 小时 30 分钟后，是几点？

试试画出来吧：

画出来后，你能很快把答案解答出来吗？其实，上面的题目有两个特点。

❶ 开始时间不是整点。

❷ 时间长度超过 1 小时。

这种题目的线段图，我们要用些技巧来画！

比如，上面的题目，画成下面的线段图，你看看答案是不是很明显？

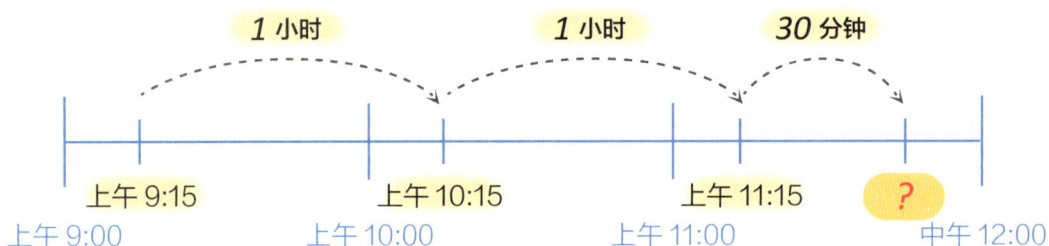

我们把 2 小时 30 分钟，拆成两个 1 小时和一个 30 分钟。

从上午 9:15 开始，过 1 小时，是上午 10:15；再过 1 小时，是上午 11:15。那么再过 30 分钟是什么时间呢？你来算算吧！

哈哈，答案是上午 11:45。

你答对了吗？

典型例题 1 **已知开始时间和结束时间，求时间长度：**

小兔子回到家后，就把自己关在房间里，直到中午12:45，妈妈把饭菜做好了，它才开门吃饭。等它吃完饭的时候，已经是下午 1:25 了。

那么，小兔子吃午饭花了多长时间？

这道题的开始时间点位于中午 12:00 到下午 1:00 之间，结束时间点位于下午 1:00 到下午 2:00 之间，是跨整点的题目，并且开始时间是中午 12:45，也不是从整点开始的，对应的线段图我们要这样画：

1. 画出整点线段图。这里要画两段整点线段图。

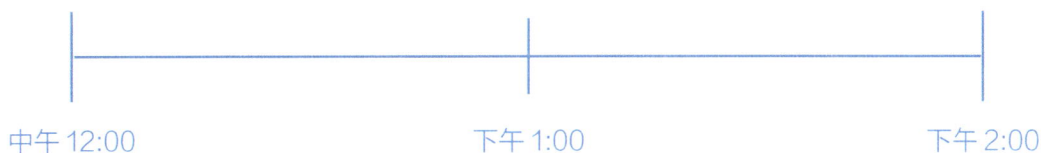

中午 12:00　　　　下午 1:00　　　　下午 2:00

2. 接着画出开始时间和结束时间。

中午 12:45　　下午 1:25

中午 12:00　　　　下午 1:00　　　　下午 2:00

3. 接下来关键的步骤，就是画出跨度线段图。

按我们之前的画法，应该画成这样。

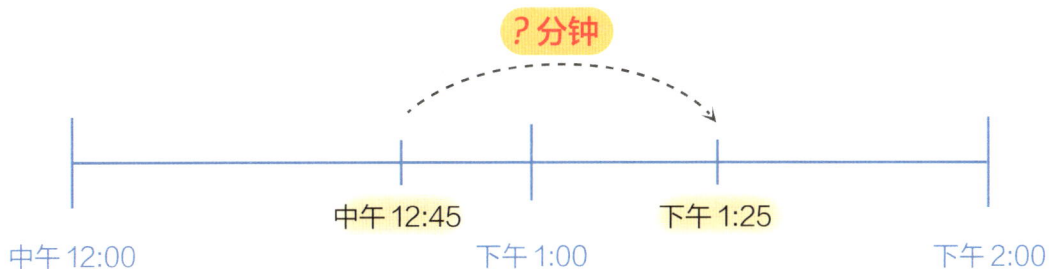

?分钟

中午 12:45　　下午 1:25

中午 12:00　　　　下午 1:00　　　　下午 2:00

不过对于跨整点的题目，我们有更好的方法，就是以整点为分割，把跨度线段图画成多段。

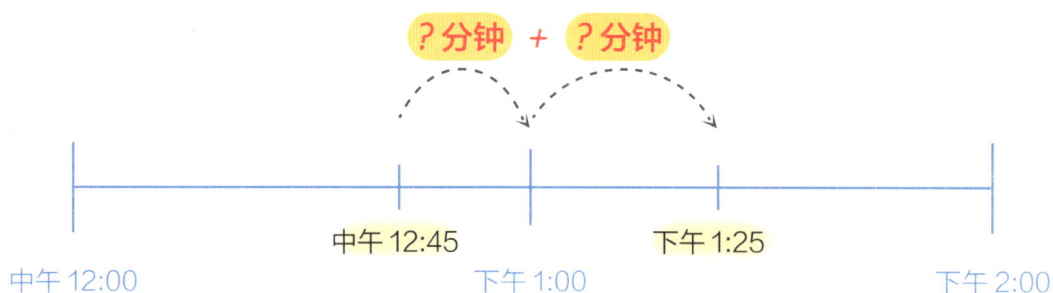

根据上面的线段图，我们只要计算出中午 12:45 到下午 1:00 的时间长度，再计算出下午 1:00 到下午 1:25 的时间长度，把两者加起来，就得出中午 12:45 到下午 1:25 的时间长度了。这种方法虽然需要计算出中间量，但每一步计算都更简单了，还不容易出错。

$$下午\ 1{:}00 - 中午\ 12{:}45 = 15\ 分钟$$

$$下午\ 1{:}25 - 下午\ 1{:}00 = 25\ 分钟$$

$$15\ 分钟 + 25\ 分钟 = 40\ 分钟$$

答：小兔子吃午饭花了 40 分钟。

其实这类题目如果直接计算，相当于多了一个凑整的步骤：

$$下午\ 1{:}25 - 中午\ 12{:}45 = （下午\ 1{:}25 - 下午\ 1{:}00）+$$
$$（下午\ 1{:}00 - 中午\ 12{:}45）$$
$$= 25\ 分钟 + 15\ 分钟$$
$$= 40\ 分钟$$

一定要注意，这里问的是时间，所以最后的答案一定要写上时间单位。

典型例题 2 **已知结束时间和时间长度，求开始时间：**

妈妈收拾碗筷的时候，和小兔子开玩笑说："以前你吃饭和跑步一样快，今天怎么这么慢呀！"

小兔子一听到跑步，马上心生一计：我可以和小乌龟比赛跑步，我一定能赢它！

于是，小兔子给小乌龟打电话。

小兔子："你敢和我比赛跑步吗？我这次一定能赢你！"

小乌龟心想，小兔子一定还在为早上输了捉迷藏游戏而不开心。

小乌龟："好吧！小兔子你跑得这么快，我一定赢不了你的，不过，我愿意接受这个挑战。"

小乌龟为了让小兔子开心，宁愿自己受点委屈。

小兔子："那我们1小时30分钟后，也就是15:15在公园见！"

小乌龟："好的！我一定会全力以赴的！"

大家都挂了电话。

那么，小兔子和小乌龟结束通话的时间是几点？

这里要注意，题目用的不是 12 小时制，而是 24 小时制。

我们先把线段图画出来：

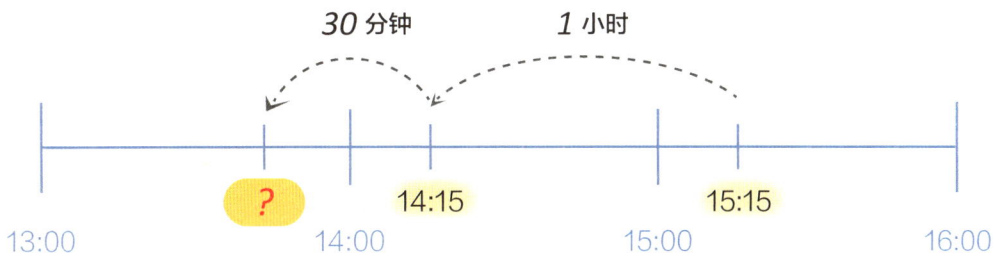

题目中的时间长度是 1 小时 30 分钟，我们把它拆解成了两个时间长度：1 小时和 30 分钟。

这样的好处是：15:15 的前一小时，我们一下就知道了是 14:15，也很容易算出 14:15 与 14:00 相距 15 分钟，那么我们从 30 分钟里减去 15 分钟，剩下的 15 分钟，就是 14:00 的前 15 分钟，如下页第一幅图所示。

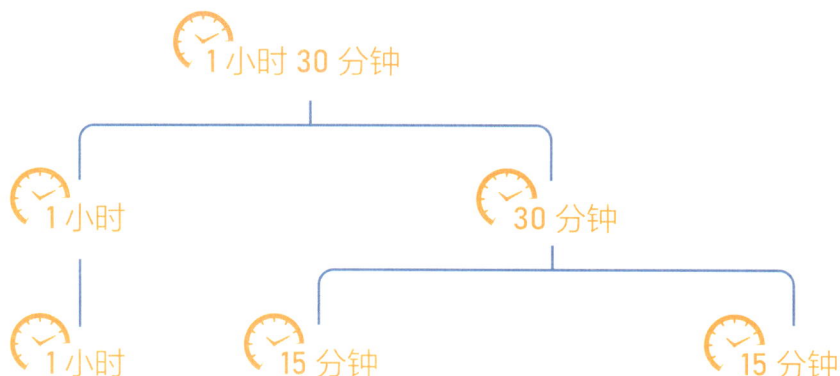

所以，线段图可以改成这样：

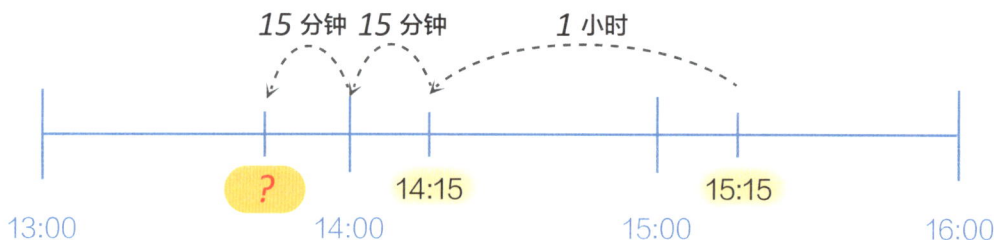

画完图，我们就知道答案了。

答：小兔子和小乌龟结束通话的时间是 13:45。

这类题目如果直接计算，也相当于凑整的步骤：

$$15:15 - 1 小时 30 分钟 = 15:15 - 1 小时 - 30 分钟$$
$$= 14:15 - 30 分钟$$
$$= 14:15 - 15 分钟 - 15 分钟$$
$$= 14:00 - 15 分钟$$
$$= 13:45$$

答：小兔子和小乌龟结束通话的时间是 13:45。

画图的好处是我们能把一些复杂的计算过程，用图形化的方式表达出来，这样我们对题目的理解会更清晰，也就不容易出错了！

⚙ 典型例题 3 已知**开始时间**和**时间长度**，求结束时间：

小乌龟和小兔子都到了公园，一切准备就绪。
比赛在 15:45 正式开始。
小兔子像一支箭一样飞快地冲了出去，而小乌龟在慢慢地跑。
小兔子见小乌龟被它远远地甩在后面，骄傲起来，靠着大树睡着了。
小乌龟虽然跑得慢，但是它坚持不懈地跑，一秒都没浪费。
当小乌龟跑过终点时，小兔子才刚刚睡醒，这时候它已经来不及追
上小乌龟了。
这次比赛，小乌龟一共花了 1 小时 15 分钟完成。
那么，小乌龟是在几点跑过终点的？

我们把线段图画出来：

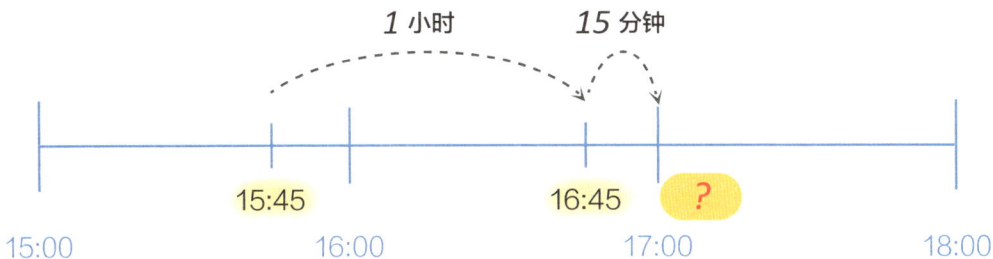

这类题目如果直接计算，也相当于凑整的步骤：

$$15{:}45 + 1 \text{ 小时 } 15 \text{ 分钟} = 15{:}45 + 1 \text{ 小时} + 15 \text{ 分钟}$$
$$= 16{:}45 + 15 \text{ 分钟}$$
$$= 17{:}00$$

答：小乌龟是在 17:00 跑过终点的。

5 难度再大一些

请扫码选择
第 4 节视频课程观看

一天有 24 小时，可以用 12 小时制表示，也可以用 24 小时制表示。有时候我们会遇到一些题目，题目中用的是 12 小时制，却要求用 24 小时制作答；或者反过来以 24 小时制描述题目，但要求以 12 小时制作答。

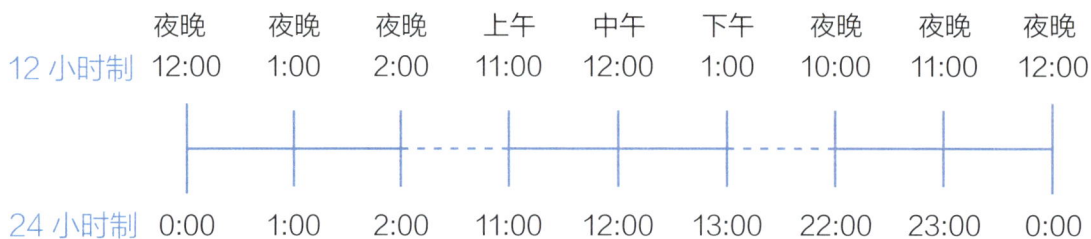

12 小时制	夜晚 12:00	夜晚 1:00	夜晚 2:00	上午 11:00	中午 12:00	下午 1:00	夜晚 10:00	夜晚 11:00	夜晚 12:00
24 小时制	0:00	1:00	2:00	11:00	12:00	13:00	22:00	23:00	0:00

比如我们看下面这道题：

后来，小兔子认识到自己的错误，和小乌龟和好了。
为了感谢小乌龟帮它改掉骄傲的坏毛病，
小兔子送给小乌龟一块电子表。
不过电子表是 24 小时制的。
如果现在电子表显示 17:40，那么对应 12 小时制，
现在是什么时间呢？

如果你觉得两种小时制转换，让你头脑很晕，不妨试试用线段图来解答。

首先画出线段图：

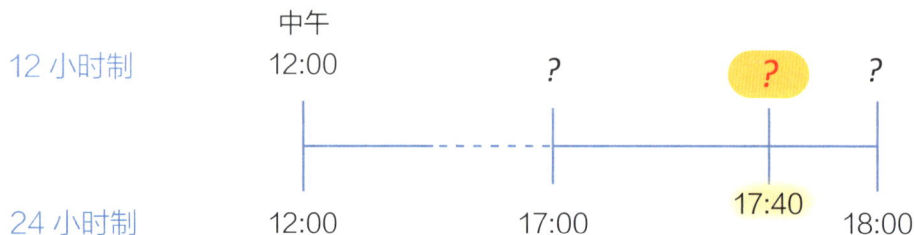

12 小时制	中午 12:00	?	?	?
24 小时制	12:00	17:00	17:40	18:00

接着，根据线段图计算 12:00 到 17:40 过了多少时间，列出算式：

$$17:40 - 12:00 = 5 小时 40 分钟$$

那么，对应 12 小时制，从中午 12:00 开始，过 5 小时 40 分钟后是什么时间，我们也能很快计算出来：

$$中午 12:00 + 5 小时 40 分钟 = 下午 5:40$$

答：17:40 对应 12 小时制是下午 5:40。

还有一类时间变换的题目，难度会更大：

> 后来，小乌龟的电子表不准，它总比实际时间快 20 分钟。当电子表显示 13:30 的时候，小乌龟上床睡午觉，它听到学校 14:00 的叫醒广播后才起床。请问，小乌龟一共睡了多长时间？

小乌龟上床睡觉时，题目给出的是小乌龟的电子表上显示的时间，题目给出的起床时间是学校广播的时间（也就是实际时间）。我们知道电子表显示的时间与实际时间不一样，因此，针对这类题目，我们要先把电子表上显示的时间与学校的标准时间对应起来，之后才能求出答案。

解法一：以学校的时间为准来进行计算

我们画出线段图：

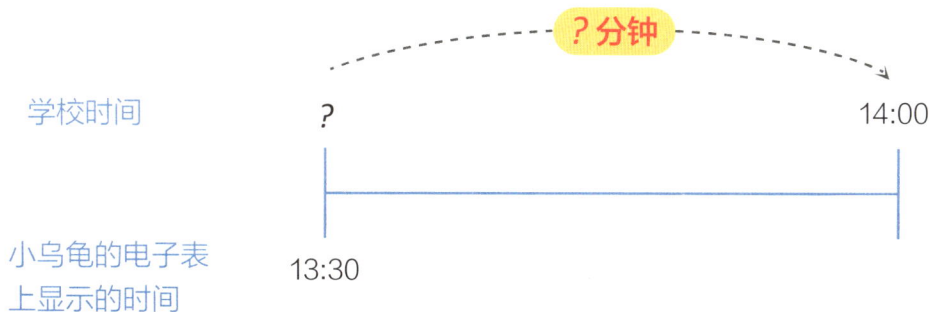

因为小乌龟的电子表上显示的时间比学校的时间快 20 分钟，因此，当电子表显示 13:30 时，学校的时间应该是：

$$13:30 - 20 分钟 = 13:10$$

把计算出来的时间补充到线段图上后：

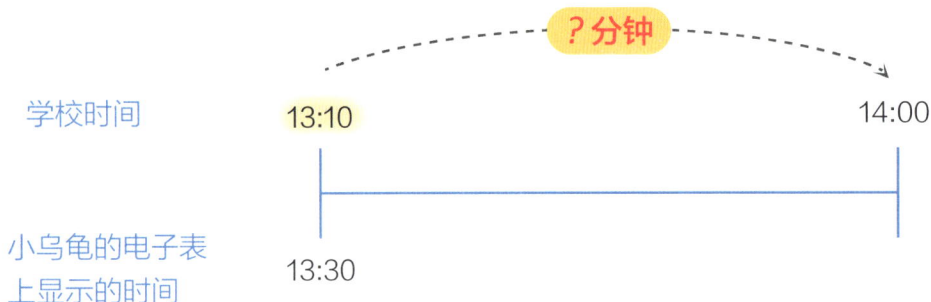

我们就能很快把答案算出来了：

$$14:00 - 13:10 = 50 分钟$$

答：小乌龟一共睡了 50 分钟。

解法二：以小乌龟的电子表上显示的时间为准来进行计算
我们画出线段图：

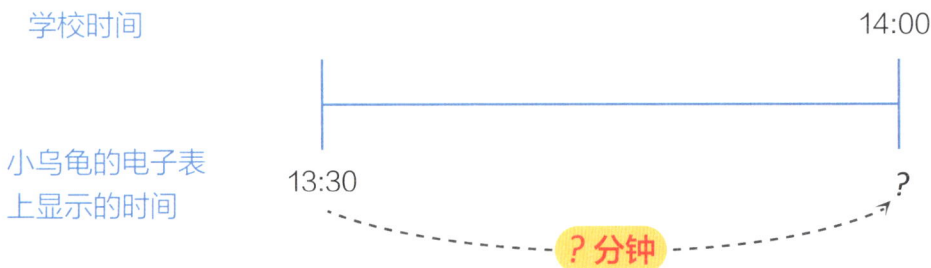

因为小乌龟的电子表上显示的时间比学校的时间快 20 分钟，因此，当学校的时间是 14:00 时，小乌龟的电子表上的时间应该是：

$$14:00 + 20 分钟 = 14:20$$

把计算出来的时间补充到线段图上后：

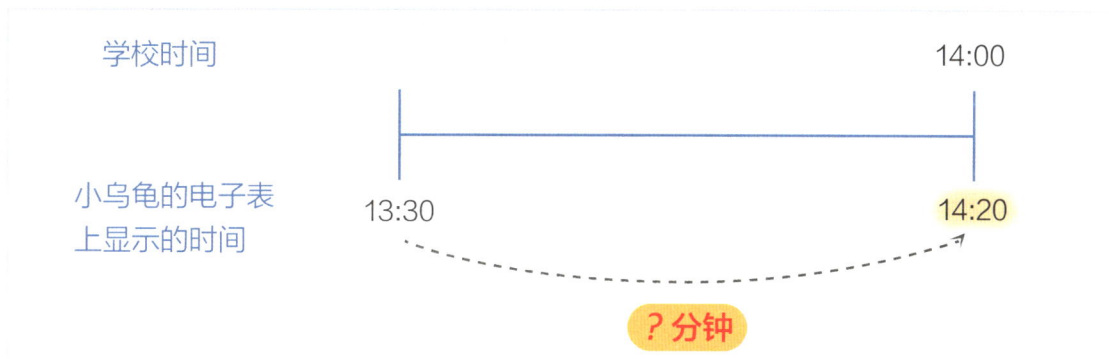

然后再把线段图优化：

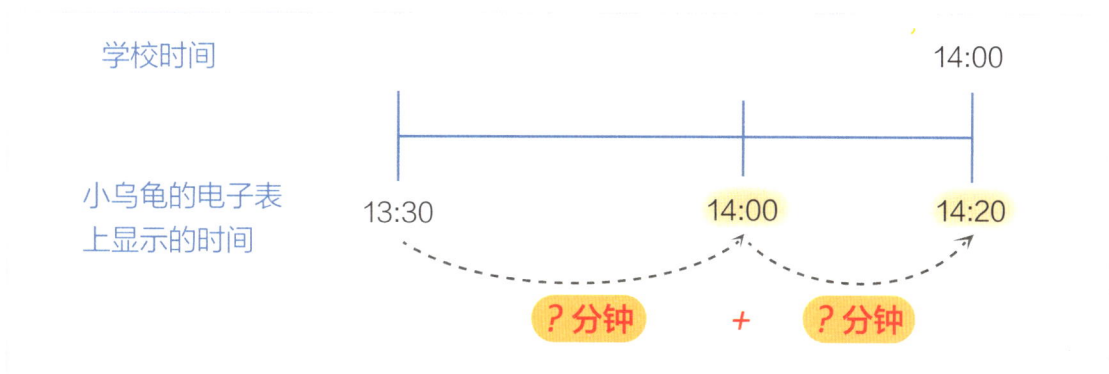

我们就能很快把答案算出来：

$$14:20 - 13:30 = (14:20 - 14:00) + (14:00 - 13:30)$$
$$= 20 \text{分钟} + 30 \text{分钟}$$
$$= 50 \text{分钟}$$

答：小乌龟一共睡了 50 分钟。

6 其他与时间有关的题目

除了上面提到的题型，也有一些没有开始时间和结束时间，只有时间长度的题型。

比如我们看下面这道题：

典型例题 1

> 小乌龟每天会花 45 分钟复习语文，花 45 分钟复习数学，花 1 小时 30 分钟练习钢琴。请问，小乌龟每天花在复习功课和练习钢琴上的时间一共是多少？

每日练习计划：
语文：45 分钟
数学：45 分钟
钢琴：1 小时 30 分钟

上面这道题，没有开始和结束时间，题目给出的是时间长度，问的是时间长度的总和。

这时候，我们可以假设开始时间是 12:00，接着我们根据题目中给出的已知量从 12:00 开始一段一段画出线段图。

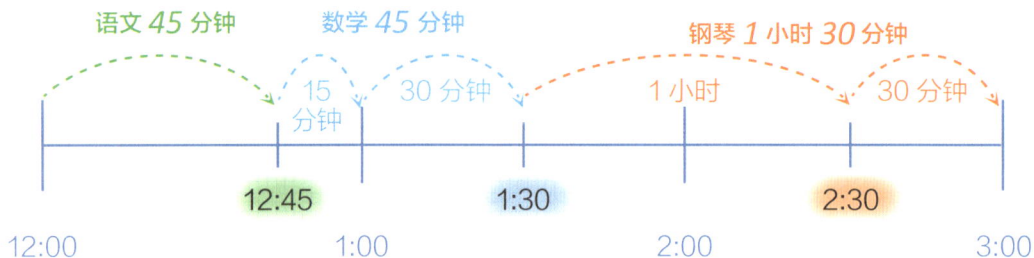

语文 45 分钟　　数学 45 分钟　　钢琴 1 小时 30 分钟

15 分钟　　30 分钟　　1 小时　　30 分钟

12:45　　1:30　　2:30

12:00　　1:00　　2:00　　3:00

通过线段图，我们就能很快把答案算出来：

$$45 \text{ 分钟} + 45 \text{ 分钟} + 1 \text{ 小时 } 30 \text{ 分钟} = 3 \text{ 小时}$$

答：小乌龟每天花在复习功课和练习钢琴上的时间一共是 3 小时。

典型例题 2

> 上体育课的时候，老师让同学们进行短跑训练，小乌龟跑完用了 1 分 20 秒，是小白兔的 8 倍。请问，小乌龟比小白兔多用了多少时间？

首先，我们把时间单位统一：

$$1 \text{ 分 } 20 \text{ 秒} = 60 \text{ 秒} + 20 \text{ 秒} = 80 \text{ 秒}$$

这类题型，我们可以用这章学到的线段图，也可以用之前学的框图来画，我们试试用框图的画图方法吧：

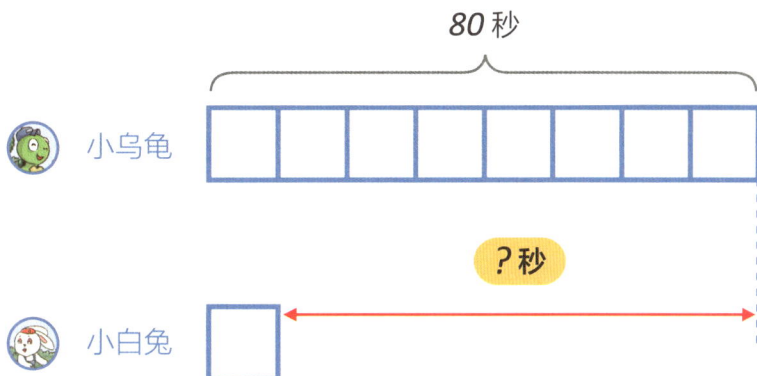

从图上看出，小乌龟跑步一共用了 8 个方框，因此，一个方框对应的时间是：

$$80 ÷ 8 = 10（秒）$$

再观察上图，小乌龟比小白兔多了 7 个方框，因此，小乌龟比小白兔多花的时间是：

$$10 秒 x 7 = 70 秒 = 60 秒 + 10 秒 = 1 分 10 秒$$

答：小乌龟比小白兔多用了 1 分 10 秒。

典型例题 3

接着小鹿和小鸭子也跑完了。它们一共花了 49 秒，小鸭子花的时间差 3 秒就是小鹿的 3 倍。请问，小鹿和小鸭子分别用了多长时间？

我们来画图：

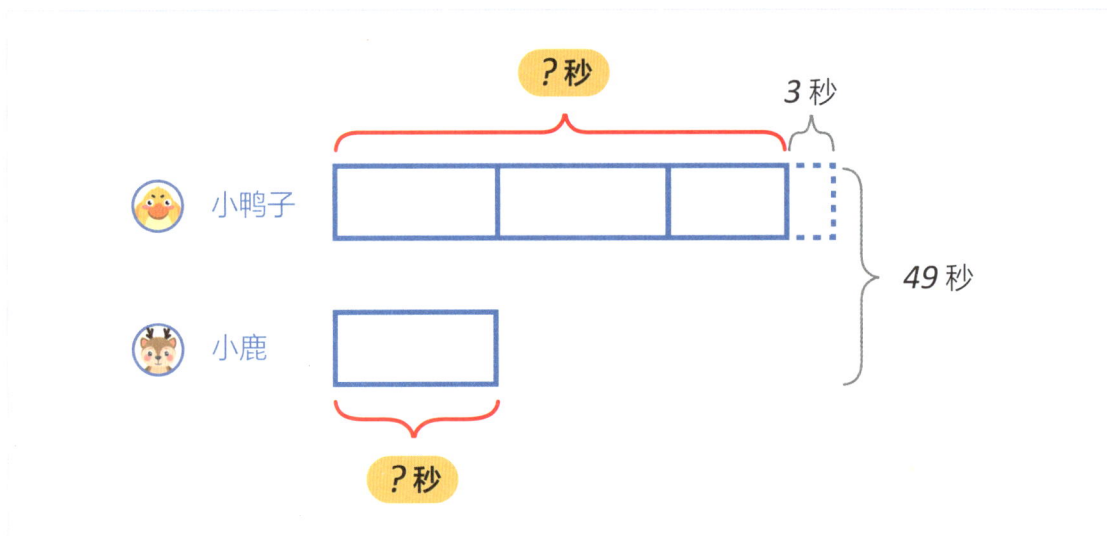

这里的关键是"差 3 秒"，如果加上这 3 秒，小鸭子花的时间刚好就是小鹿的 3 倍了。

所以，如果我们加上这 3 秒，上图就会变成下面这样：

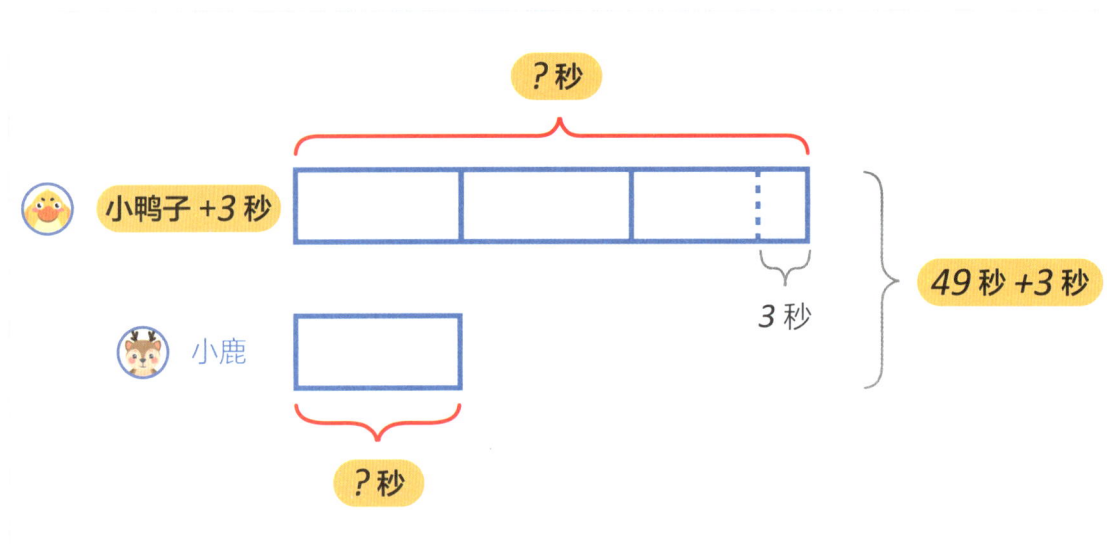

图里有两个变化：

第一，总的时间变成了：

$$49 + 3 = 52（秒）$$

第二，小鸭子花的时间多加 3 秒后，刚好是小鹿的 3 倍。图中一共有 4 个方框，因此，每个方框代表的时间是：

$$52 ÷ 4 = 13（秒）$$

所以，小鹿花的时间是 13 秒。

小鸭子花的时间是：

$$13 × 3 = 39（秒）$$

$$39 − 3 = 36（秒）$$

答：小鹿用了 13 秒，小鸭子用了 36 秒。

7 时间的陷阱

在时间问题里，常常有一种陷阱。就是说题目里面有多个已知量，但已知量的"单位"是不一样的，如果我们只看"数字"，不看"单位"，那么一定会出错。

比如我们看下面这道题：

小乌龟跑 100m 需要花 20 分钟。后来经过努力训练后，比原来快了 15 秒。
请问小乌龟训练后，跑 100m 需要用多长时间？

有的孩子看到题目就会不假思索地这么做。

首先来画图：

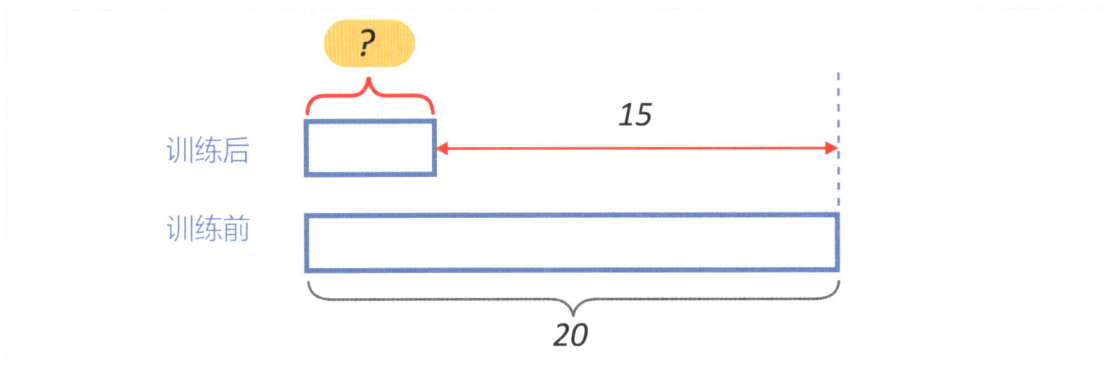

然后列出算式：

20 − 15 = 5（分钟）

想想看，上面的做法对吗？如果不对的话，又是为什么呢？

想一想吧！

　　显然，上面的计算方法不对。像上面那样解题的小朋友就落入了陷阱，因为他没有看清单位。在做这类题目的时候，如果不注意"单位"，而直接把"数字"相减，那么最终得到的答案可就大错特错了！因此必须先把每个量的"单位"进行统一，然后再做计算！

　　下面，让我们一起看看如何避免出现这种错误吧！

　　画图的时候，要注意单位的统一，下图把小乌龟训练前花的时间，从 20 分钟换算成了 19 分 60 秒。

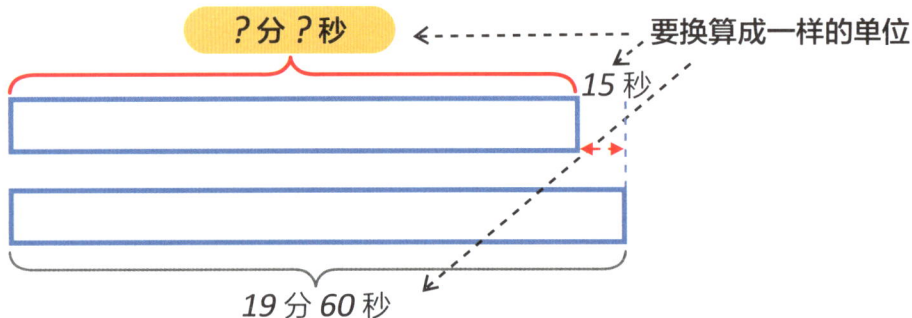

列算式解题时，一定要在结果处加上单位：

20 分钟 − 15 秒 = 19 分 60 秒 − 15 秒 = 19 分 45 秒

　　答：小乌龟训练后，跑 100m 需要用 19 分 45 秒。

思维训练

1. 请把时间长度补充完整。

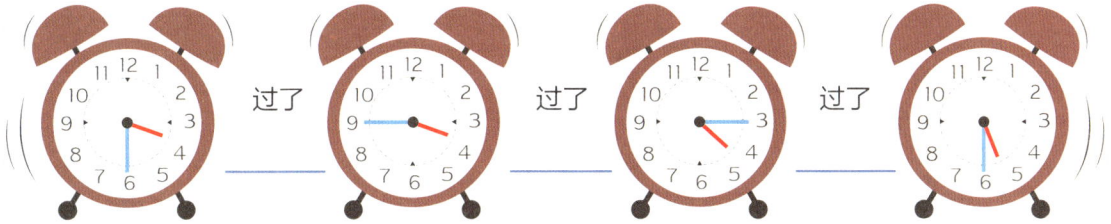

2. 你能把时针和分针补充完整吗?

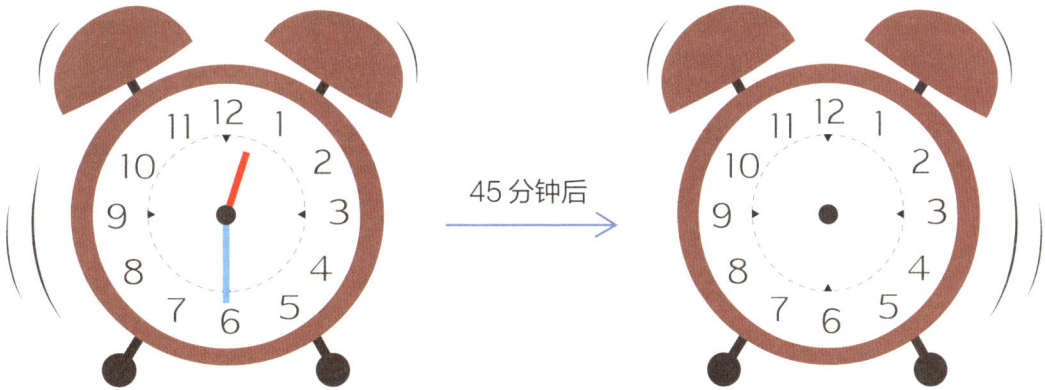

45 分钟后

3. 请把下表中的开始时间补充完整。

开始时间	结束时间	时间长度
	15:00	30 分钟
	下午 1:45	30 分钟
	上午 9:00	1 小时 30 分钟

4. 请在下表中的空白处填上正确的时间。

开始时间	结束时间	时间长度
8:00 a.m.	9:15 a.m.	
	17:30	45min
8:00 p.m.		1h15min

5. 小明习惯每天上午 7:00 起床，结果因为昨晚睡得迟，今天晚了 20 分钟起床。请问小明今天是什么时候起床的？

① 画出线段图：

② 根据线段图列出算式：

答：

小明今天是 ＿＿＿＿＿ 起床的。

6. 爸爸平时下午 17:00 到学校接小林放学，今天因为路上堵车，爸爸到学校时，已经 17:20 了。请问，爸爸今天在路上堵了多长时间？

1 画出线段图：

2 根据线段图列出算式：

答：

爸爸今天在路上堵了 _____ 。

7. 周末，小卓自己烤曲奇饼，她 14:00 把挤成曲奇形状的面糊放进烤箱，设定好时间后，14:15 曲奇饼就烤好了。请问小卓设定的烘烤时间是多久？

1 画出线段图：

2 根据线段图列出算式：

答：

小卓设定的烘烤时间是 _____ 。

8. 请看下面的电影票，这部电影的播放时长是 1 小时 30 分钟。请问电影什么时候结束？

1 画出线段图：

2 根据线段图列出算式：

答：

电影 _____ 结束。

9. 请看小林的高铁票，当天小林是 16:30 到的上海。请问从南京到上海的高铁，耗时多长？

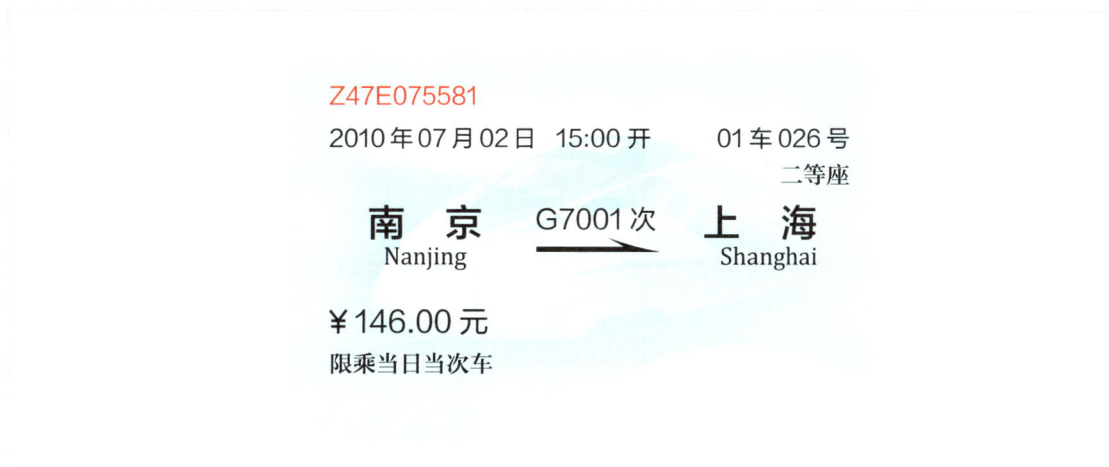

Z47E075581

2010 年 07 月 02 日　15:00 开　　　01 车 026 号

二等座

南　京　　G7001 次　　　**上　海**
Nanjing　　　━━━━▶　　　Shanghai

¥146.00 元

限乘当日当次车

① 画出线段图：

② 根据线段图列出算式：

答：

从南京到上海的高铁，耗时 _____ 。

10. 妈妈今天太忙了，没时间做饭，于是她在手机上点了外卖，订单提示预计 45 分钟后，也就是 12:30 送到。请问妈妈点餐时是什么时间？

1 画出线段图：

2 根据线段图列出算式：

答：

妈妈点餐时是 _____ 。

☆ 11. 爸爸开车送小明到学校，设好导航后，爸爸说导航仪的时间比标准时间慢 15 分钟。请问，爸爸和小明到学校时，标准时间是几点？

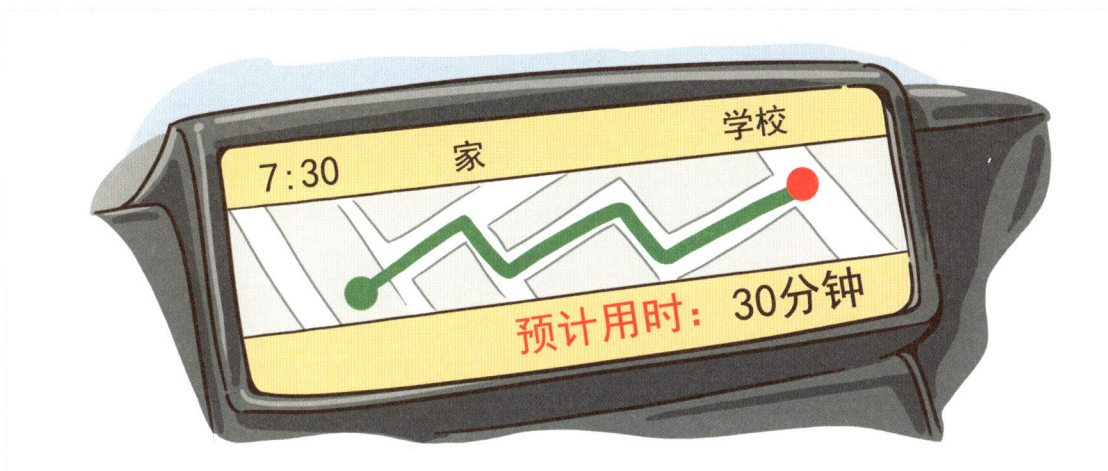

1 画出线段图：

2 根据线段图列出算式：

答：

爸爸和小明到学校时，标准时间是 _____ 。

☆ 12. 仔细观察下面的线段图：

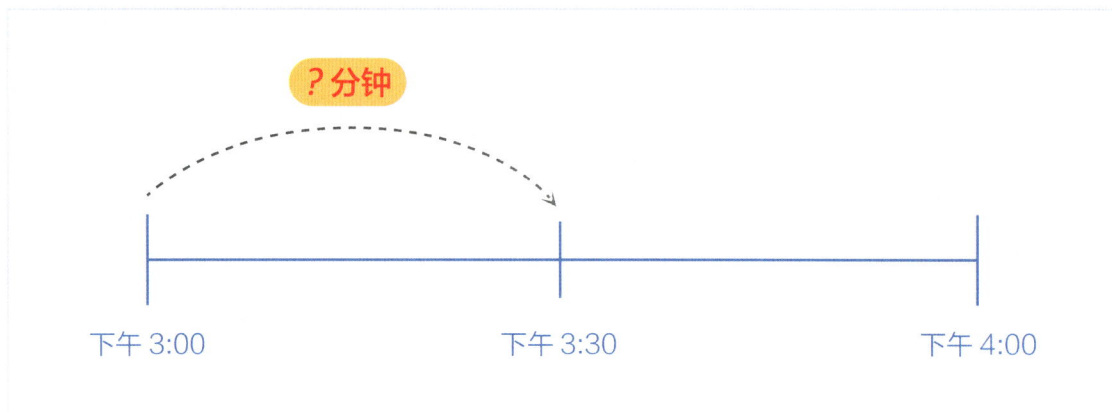

?分钟

下午 3:00　　　　　　　　下午 3:30　　　　　　　　下午 4:00

① 请设计一道应用题，写在下面方框内，也可以讲给爸爸妈妈听，看看他们能做出来吗？

② 根据线段图列出算式：

答：_____ 。

13. 小明正在家里晚自习，听到报时"现在是北京时间晚上 9 点整"，然后妈妈过来说，去洗澡吧，还有 45 分钟你就要上床睡觉了。请问，按 24 小时制，小明什么时间上床睡觉？

1 画出线段图：

2 根据线段图列出算式：

答：

按 24 小时制，小明 ＿＿＿＿＿ 上床睡觉。

14.　小林约好了今天上午 10:30 到小卓家玩。他问爸爸："从我们家到小卓家要多长时间？"爸爸告诉了小林，小林一看表，说："糟糕！现在已经是上午 10:00 了，这样要迟到 10 分钟了，我得打电话和小卓说一下。"请问从小林家到小卓家要花多长时间？

1 画出线段图：

2 根据线段图列出算式：

答：
从小林家到小卓家要花 _____ 。

15. 15:20 时，下课铃响了。小明对小林说："再上一节课，就放学了。"学校课间休息时间是 10 分钟，每节课 40 分钟。请问，小明什么时候放学？

① 画出线段图：

② 根据线段图列出算式：

答：

小明 ＿＿＿＿＿ 放学。

☆ 16.　小卓经过一段时间的写字练习后，现在每分钟可以写 8 个字。一天晚上，妈妈对小卓说：“现在 10 点 05 分了，你要睡觉啦！”小卓回答：“好吧，等我把这 40 个字写完。”请问，小卓晚上几点会去睡觉？

1 画出线段图：

2 根据线段图列出算式：

答：

小卓晚上 _____ 会去睡觉。

☆ ☆ 17.　日本东京的时间比上海早 1 小时，这意味着当上海是早上 6:00 时，东京是早上 7:00。小明与妈妈坐飞机去日本玩，飞机下午 2:00 在上海起飞，到达东京时，是当地时间下午 4:30。请问，飞机的飞行时间是多少？

18.　爸爸参加铁人三项运动业余比赛，一共花了 3 小时 15 分钟完成比赛。下表是爸爸各项的成绩，请你帮他把空白处填上。

游泳	骑自行车	长跑
45 分钟	1 小时 15 分钟	

☆ 19. 仔细观察下面的线段图：

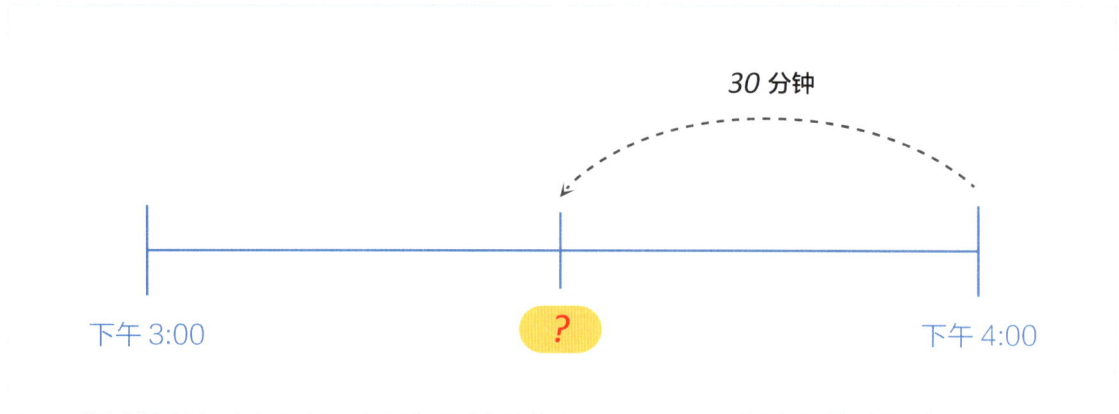

30 分钟

下午 3:00   ?   下午 4:00

① 请设计一道应用题，写在下面方框内，也可以讲给爸爸妈妈听，看看他们能做出来吗？

② 根据线段图列出算式：

答：_____ 。

☆ ☆ ☆ 20. 爸爸早上开车送你到学校，妈妈要去买菜。下面是他们在各段路之间所需的单程开车时间，以及办事所花的时间。注意：爸爸在这几处地点间开车时，必须经过 A 点。

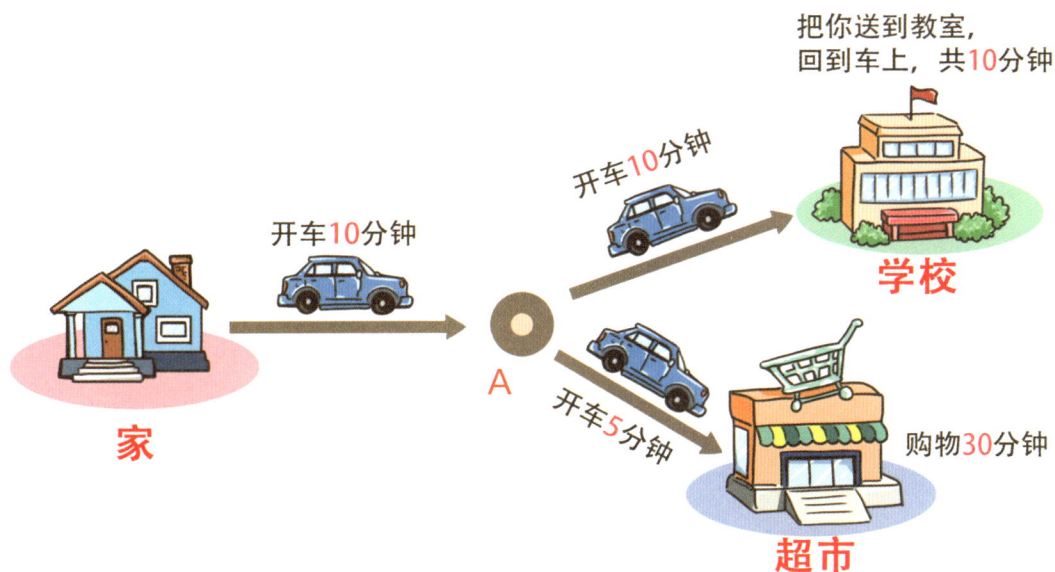

把你送到教室，回到车上，共10分钟

开车10分钟

学校

开车10分钟

A

开车5分钟

购物30分钟

超市

家

1 如果爸爸和妈妈一起送你到学校，然后爸爸再开车送妈妈去超市，购物完成后，再开车回家。这样一共需要多长时间？

2 爸爸妈妈把事情办完回到家，哪种方案用时最短？

☆ 21.　爸爸今天骑自行车去上班，花了 1 小时 15 分钟，是开车上班用时的 3 倍。请问，爸爸骑自行车上班，比开车上班要多花多长时间？

☆ 22.　小卓和妈妈一起做曲奇，妈妈负责和面，小卓负责把面糊挤成曲奇形状。他们一共花了 2 小时，小卓花的时间差 6 分钟就是妈妈花的时间的两倍。请问，把面糊挤成曲奇，小卓花了多长时间？

英语小拓展

解决和时间有关的应用题，重点在于抓关键信息，我们理解关键信息后就能画出相应的图。对于我们来说，中文题目很好理解，但是如果题目里出现英文该怎么办呢？

这也不难，只要找准英文题目里的关键词就好了！

这里有一份关于时间的关键词的中英文对照表。

☑ 时间: *time*	☑ 持续时间 / 时间长度 / 耗时: *duration*
☑ 小时: *hour, h*	☑ 开始: *start*
☑ 分钟 : *minute, min*	☑ 结束: *end*
☑ 秒 : *second, s*	☑ 持续: *last*
☑ 上午: *morning, a.m.*	☑ 什么时候: *when*
☑ 中午: *noon*	☑ 比……早: *earlier than*
☑ 下午: *afternoon, p.m.*	☑ 比……晚: *later than*
☑ 晚上: *night*	☑ 多少小时: *how many hours*
☑ 午夜 12 点: *midnight*	☑ 多少分钟: *how many minutes*
☑ 多长时间: *how long*	☑ 多少秒: *how many seconds*

Please solve the following word problems.

Word Problem 1:

Tom's math lesson started at 9:30 a.m., the math lesson lasted 45min.
At what time did the math lesson end?

Word Problem 2:

A movie ended at 17:20, and it lasted 1h45min.

When did the movie start?

第 4 章

STEAM 项目

虚假的时间

① 背景知识

小朋友们喜欢看侦探小说吗？

小说里的那些大侦探们都非常聪明，他们上知天文，下知地理，最擅长用智慧去还原事情的真相，破解谜题，找出犯罪嫌疑人，什么样的难题都难不倒他们。

世界上最早的侦探小说是美国作家埃德加·艾伦·坡在 1841 年写的《莫格街谋杀案》，小说里的侦探杜宾喜欢独居，性格有点奇怪，但他沉着冷静，善于观察和推理。后来的侦探小说，很多都会参照杜宾的人物形象来创作。

世界上最著名的侦探小说是英国作家柯南·道尔写的福尔摩斯探案系列。柯南·道尔在 1887
年写的《血字的研究》里，第一次塑造了夏洛克·福尔摩斯这个角色，他与杜宾一样性格古怪，
而且头脑聪明，喜欢推理，疾恶如仇。他与搭档华生一起破获了很多案件。

② 任务目标

12 月 31 日，伦敦市里发生了一起盗窃案，博物馆里最贵重的宝石——"地球之星"被盗。
博物馆报案后，大名鼎鼎的大侦探福尔摩斯迅速赶到了博物馆。

任务目标： 抓捕犯罪嫌疑人，寻回"地球之星"。

③ 任务开始

虚假的作案时间

福尔摩斯来到博物馆，仔细观察了作案现场，发现犯罪嫌疑人砸开了装着"地球之星"的玻璃柜，拿走了里面的宝石，而作案现场遗落了一把款式特殊的刀。

第一个到达案发现场并报案的人是博物馆的保安，于是福尔摩斯问他宝石被盗的时间。

保安说："我在巡逻的时候发现'地球之星'不见了，当时我看了一下墙上的钟，显示的是 14:10。"

保安接着说："我们有严格的规定，每隔一小时，就要巡逻一遍。前一次巡逻，宝石还在玻璃柜里！所以'地球之星'一定是在这段时间里不见的！"

问题1 按照保安的说法，"地球之星"是在哪个时间段里不见的？

福尔摩斯接着问："这段时间内，有什么人在博物馆参观吗？"

保安拿出了当天博物馆的游客出入登记表。所有的游客信息，都登记在上面。

2020 年 12 月 31 日出入登记表

参观游客特征	进入时间	离开时间
黑眼镜	10:00	11:00
小鼻子	12:00	13:00
高个子	12:30	13:00
长头发	14:20	15:00
高跟鞋	14:50	16:00

福尔摩斯陷入了沉思："根据这张表格记录的信息，犯罪嫌疑人不可能是游客。但是好像哪儿有点不对劲！"

问题 2 福尔摩斯为什么会觉得奇怪呢？

福尔摩斯问："会不会有犯罪嫌疑人偷偷潜进博物馆呢？"

可是保安却否认了"偷偷潜进博物馆"的可能性，因为博物馆的门窗没有被撬动的痕迹。也就是说，除了从大门登记进入的游客之外，不会有其他人进入。

那到底怎么回事呢？福尔摩斯环顾四周，目光突然停留在墙上的钟上，他觉得这钟有点怪异。

问题 3 你知道博物馆墙上的钟有什么奇怪的地方吗？

原来墙上的钟被人动过手脚，时间显示是不准确的。

问题 4 墙上的钟，比标准时间快了还是慢了，被调快或者调慢了多长时间呢？

因此，根据保安的话所推测的宝石被盗的时间段，其实是不准确的，我们都被犯罪嫌疑人的小把戏欺骗了。

问题 5 "地球之星"真正不见的时间段，应该是什么时候？

通过比对游客的出入登记表，福尔摩斯终于找到了可能的犯罪嫌疑人。

问题 6 你觉得哪些游客是有嫌疑的呢？

令人疑惑的证词

福尔摩斯把高个子和小鼻子带到了博物馆，做进一步的审查。他俩中间谁是真正的犯罪嫌疑人呢？

这时候，福尔摩斯想起了犯罪现场留下来的刀，这种刀只有一家刀具店在卖，只要知道了是谁买的刀，就能确定谁是犯罪嫌疑人了。

于是福尔摩斯派人调查了刀具店，店员说在案发前一天晚上 8:00，有一位客人买过这种刀，不过店员不记得客人长什么样子了。

虽然还不知道是谁买的刀，但是福尔摩斯已经有了线索，知道怎样确定犯罪嫌疑人了。

高个子是犯罪嫌疑人吗？

首先，他询问高个子 12 月 30 日晚上的行踪。

高个子是这样回答的："那天晚上我下班后，到汉堡店买了一些食物。你看，这是我买汉堡的小票。"

购物清单：

汉堡　　　×1　　5英镑

购物时间：12月30日
晚上7:35

"买完汉堡后，我和朋友约在电影院见面，一起看了一场电影。那场电影的开始时间是晚上
8 点 10 分。"

福尔摩斯看了眼购物小票，然后问旁边的华生："从汉堡店到刀具店，然后再从刀具店到电
影院，最快需要多长时间？"

华生回答道："从汉堡店到刀具店最快要 15 分钟，而从刀具店到电影院最快要 20 分钟。"

福尔摩斯想了想，就对高个子说："你可以回去了！"

问题 7　为什么福尔摩斯把高个子放走了？

那么小鼻子是犯罪嫌疑人吗？

"高个子案发前一天晚上与朋友在一起看电影，有证人证明他当时没在刀具店，那么犯罪嫌
疑人一定就是小鼻子了。"华生肯定地说。

不过，这时候，小鼻子不慌不忙地对福尔摩斯说："我也有不在场证明！"

小鼻子拿出一张照片，他说这张照片能证明案发前一天晚上 9:00 自己在时代广场，而从时
代广场到刀具店要 1.5 小时，因此购买刀具的人不是他，这就间接说明他不是犯罪嫌疑人。

华生一看照片中的钟楼，时针果然指着 9，分针指向 12，意味着那时是 9:00。这样小鼻子也不可能作案了！

问题 8 为什么华生认为小鼻子也不可能作案？

两个嫌疑人都无法在 12 月 30 日晚上 8:00 出现在刀具店，案件似乎陷入了僵局！

照片里的证据

正当小鼻子起身要离开时，福尔摩斯哈哈大笑："这张照片恰好就说明你是嫌疑人。"

华生很惊讶，连忙问为什么。

福尔摩斯不紧不慢地说："因为照片是自拍的角度，上面的时间与真正的拍照时间应该是左右反过来的，而且晚上 9:00 的时候天空不会这么明亮。"

问题 9 福尔摩斯接着在照片里找到 3 个证据，证明照片中存在的"漏洞"。你知道是哪 3 个证据吗？

问题 10　接着，福尔摩斯说出了小鼻子拍照的真实时间。你知道是什么时候吗？

问题 11　小鼻子能赶在当天晚上 8:00，去店里购买刀具吗？

福尔摩斯指出了小鼻子的破绽，小鼻子绝望地瘫坐在了地上。

记录案件真相

小鼻子见自己的把戏被识破，只好招认了全部作案过程。

华生在旁边一边听，一边记录，他把小鼻子这两天的行踪用时间线记录了下来。

问题 12 **你能帮助华生把时间线上的细节补充完整吗？（在方框处填上地点，以及做了什么事情）**

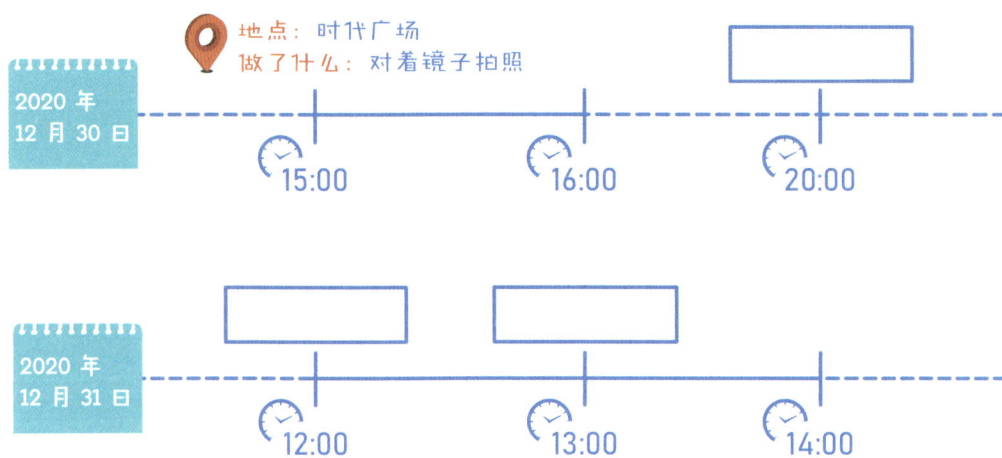

地点：时代广场
做了什么：对着镜子拍照

2020 年
12 月 30 日

15:00　　16:00　　20:00

2020 年
12 月 31 日

12:00　　13:00　　14:00

最终，福尔摩斯通过蛛丝马迹，帮博物馆找回了"地球之星"，也让犯罪嫌疑人受到了应有的惩罚！

参考答案

第 1 章

思维训练

①

（1）

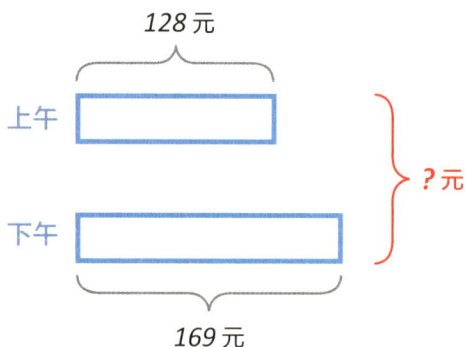

（2）128 + 169 = 297（元）

答：这家文具店一天卖掉了 297 元的文具。

②

（1）

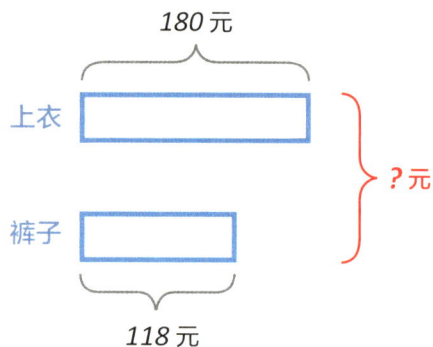

（2）180 + 118 = 298（元）

答：妈妈一共花了 298 元。

③

（1）

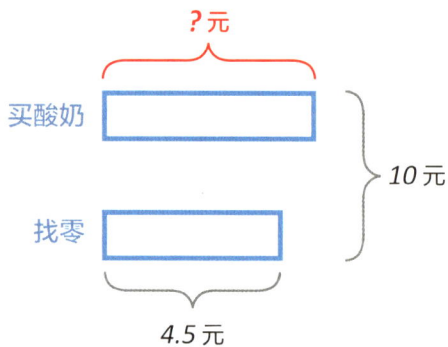

（2）10 − 4.5 = 5.5（元）

答：买酸奶花了 5.5 元。

④

（1）

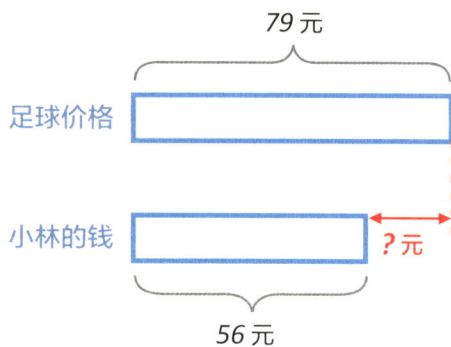

（2）79 − 56 = 23（元）

答：还差 23 元。

5

（1）

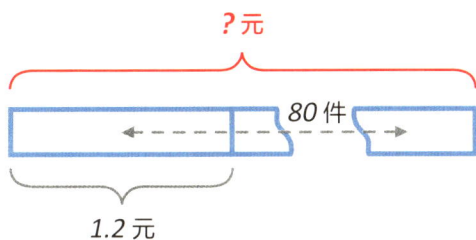

（2）1.2 × 80 = 96（元）

答：今天上午快递员叔叔可以赚 96 元。

7

（1）

1 元 6 角 = 1.6 元　　1 角 = 0.1 元

画图表示 6 支圆珠笔的价格：

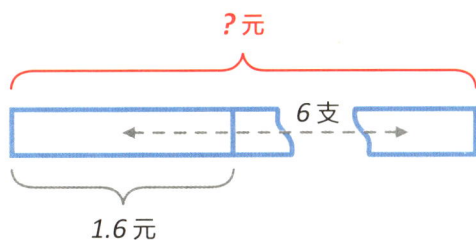

画图表示小林带的钱：

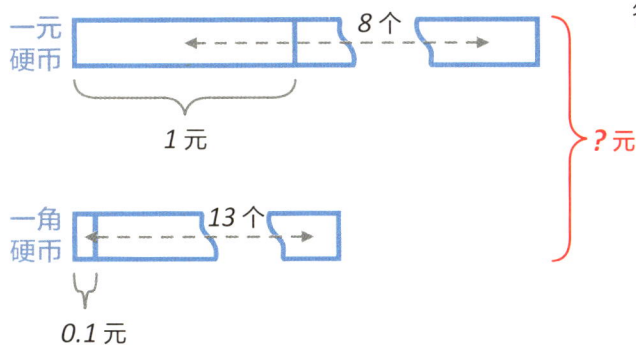

6

（1）

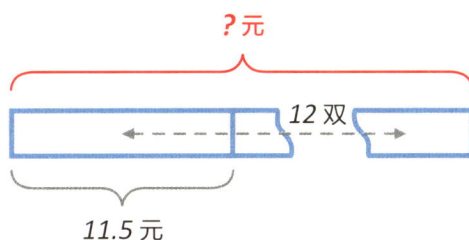

（2）11.5 × 12 = 138（元）

127 < 138

答：妈妈的钱不够。

（2）

计算 6 支圆珠笔的价格：

1.6 × 6 = 9.6（元）

计算小林带的钱：

1 × 8 = 8（元）

0.1 × 13 = 1.3（元）

8 + 1.3 = 9.3（元）

比较 6 支圆珠笔的总价格以及小林带的钱：

9.6 > 9.3

答：小林带的钱不够买 6 支圆珠笔。

8

（1）

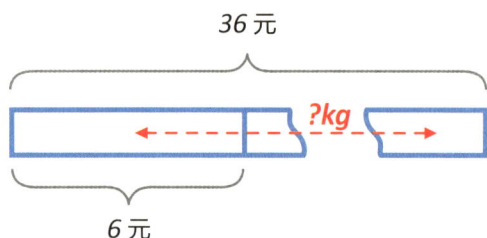

36 元

?kg

6 元

（2）

36 ÷ 6 = 6（kg）

答：妈妈买了 6kg 土豆。

10

（1）

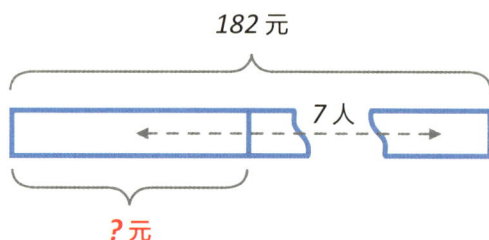

5 元

剩下的钱

? 元

买图书的钱

8 倍

50 元

买零食的钱

（2）

计算 Tom 买图书和零食一共花的钱：

50 − 5 = 45（元）

计算 Tom 买图书花的钱：

45 ÷（8 + 1）= 5（元）

5 × 8 = 40（元）

答：Tom 买图书花了 40 元。

9

（1）

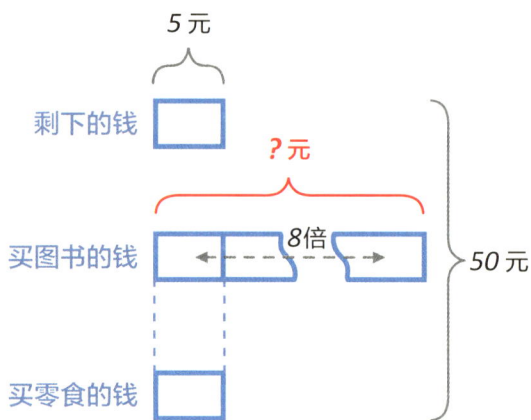

182 元

7 人

? 元

（2）

计算每个人要付的钱：

182 ÷ 7 = 26（元）

计算 Jack 应该收到其他人的钱：

26 × 6 =156（元）

或 182 − 26 = 156（元）

答：每个人需要付 26 元，Jack 一共应该收到其

他朋友交给他的 156 元。

11

（1）

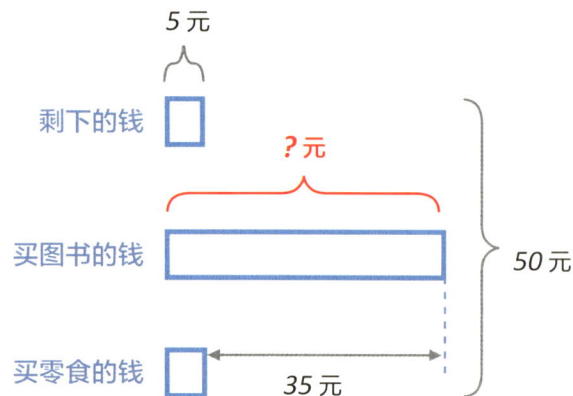

5 元

剩下的钱

? 元

买图书的钱

50 元

买零食的钱

35 元

（2）

计算 Tom 买图书和零食一共花的钱：

50 − 5 = 45（元）

计算 Tom 买图书花的钱：

45 + 35 = 80（元）

80 ÷ 2 = 40（元）

答：Tom 买图书花了 40 元。

12

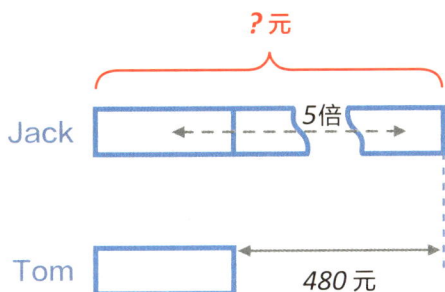

5 −1 = 4

480 ÷ 4 =120（元）

120 × 5 =600（元）

答：Jack 存了 600 元。

13

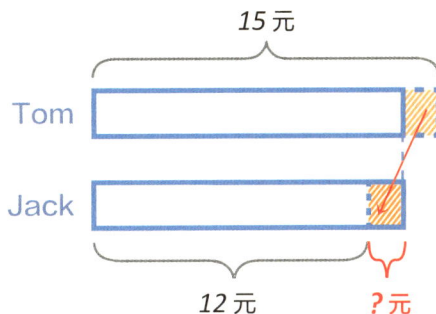

15 − 12 = 3（元）

3 ÷ 2 = 1.5（元）

答：Tom 要给 Jack 1.5 元，他们的钱才会一样多。

14

2 元 5 角 = 2.5 元

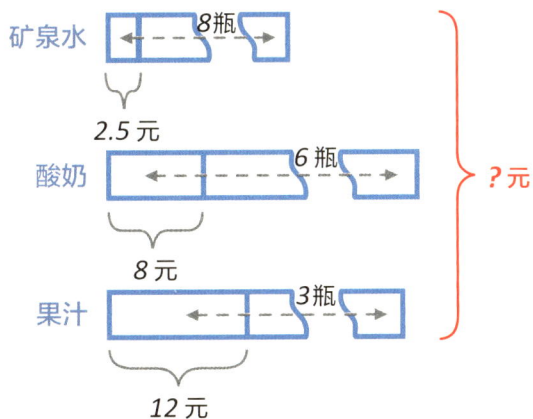

购买矿泉水花的钱：

2.5 × 8 = 20（元）

购买酸奶花的钱：

8 × 6 = 48（元）

购买果汁花的钱：

12 × 3 =36（元）

一共花的钱：

20 + 48 + 36 = 104（元）

答：他一共花了 104 元。

15

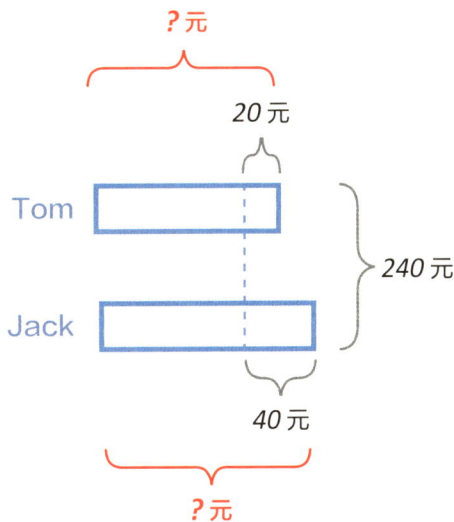

Tom 和 Jack 花钱后，一共剩下来的钱：

240 − 20 − 40 = 180（元）

花钱后，Tom 和 Jack 各自还剩的钱：

180 ÷ 2 =90（元）

Tom 原来有的钱：

90 + 20 = 110（元）

Jack 原来有的钱：

90 + 40 =130（元）

答：Tom 原来有 110 元，Jack 原来有 130 元。

16

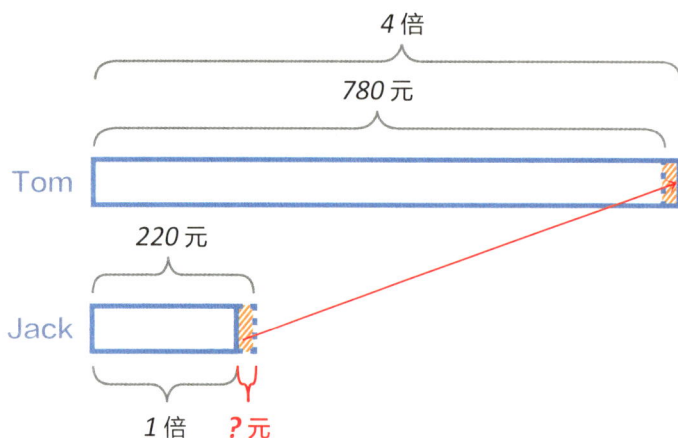

Tom 和 Jack 一共有的钱：

780 + 220 = 1000（元）

Jack 把一些钱给了 Tom 以后，Jack 剩的钱（图中的 1 倍所表示的钱）：

1000 ÷（4 + 1）= 200（元）

Jack 买水果花的钱：

220 − 200 = 20（元）

答：Jack 买了 20 元的水果。

17

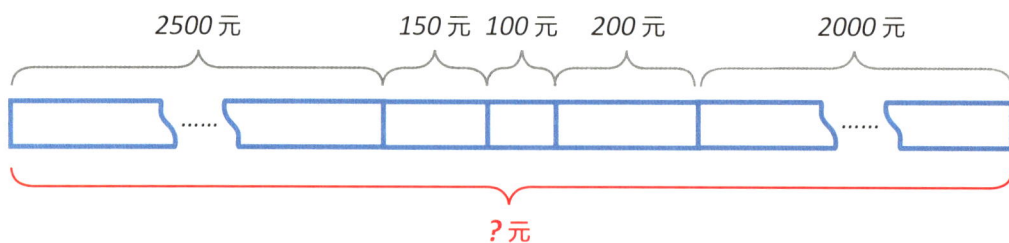

小王叔叔每月的开支：

2500 + 150 + 100 + 200 + 2000 = 4950（元）

答：小王叔叔一个月的收入至少要有 4950 元，才能保持收支平衡。

18

（1）

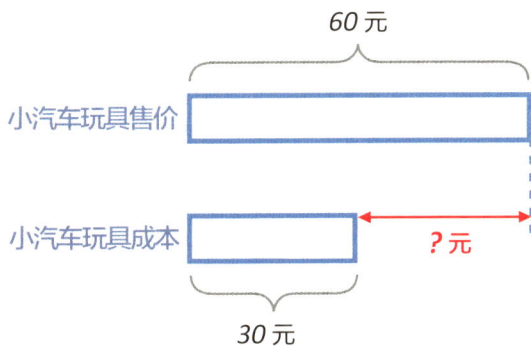

每辆小汽车玩具的利润：

60 − 30 = 30（元）

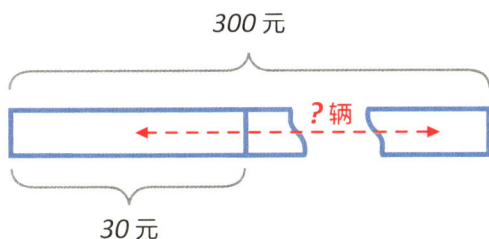

卖出多少辆小汽车玩具，才够交每天的租金 300 元：

300 ÷ 30 = 10（辆）

答：Jack 一天需要卖出 10 辆小汽车玩具，才能实现收支平衡。

（2）

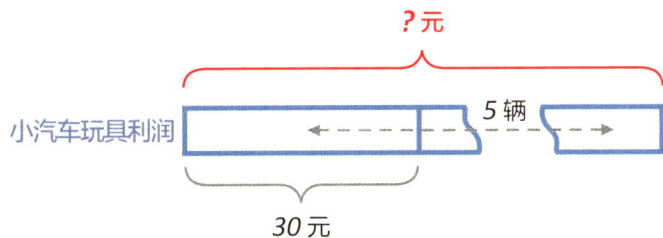

卖出 5 辆小汽车玩具的利润：

30 × 5 = 150（元）

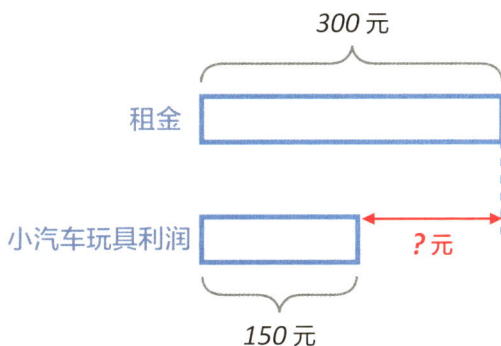

还差多少钱可以实现收支平衡：

300 − 150 = 150（元）

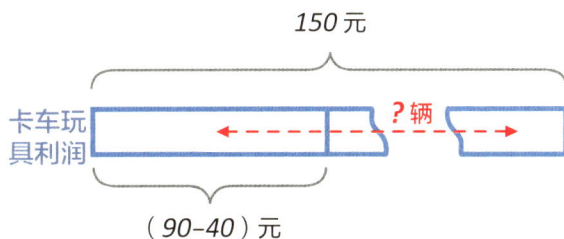

每辆卡车玩具的利润：

90 − 40 = 50（元）

需要卖出多少辆卡车玩具：

150 ÷ 50 = 3（辆）

答：还需要再卖出 3 辆卡车玩具，才能实现收支平衡。

（3）

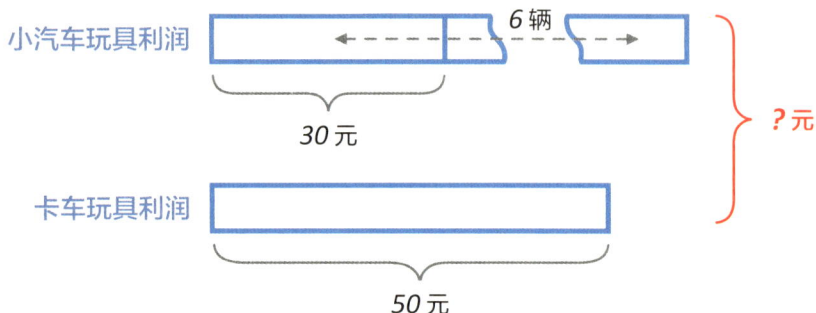

小汽车玩具利润　　6辆

30元

卡车玩具利润

50元

?元

卖出 6 辆小汽车玩具和 1 辆卡车玩具后的利润：

$30 \times 6 + 50 \times 1 = 230$（元）

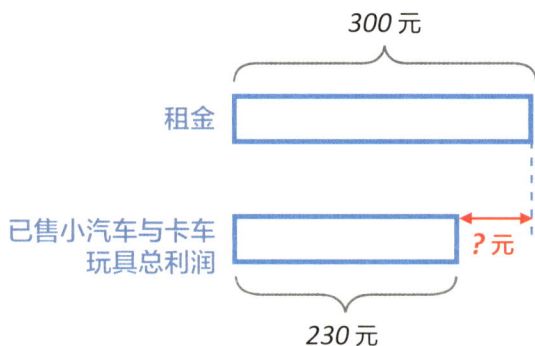

300元

租金

已售小汽车与卡车
玩具总利润

?元

230元

还差多少钱可以实现收支平衡：

$300 - 230 = 70$（元）

每辆火车玩具的利润：

$150 - 70 = 80$（元）

$80 > 70$。

答：还需要再卖出 1 辆火车玩具，才能实现收支
　　平衡。

（4）

可有多种答案，以下供参考。

玩具车型号	卖出数量
小汽车	4
卡车	3
火车	3

这个方案的商品销售利润是：

$30 \times 4 + 50 \times 3 + 80 \times 3 = 510$（元）

扣除租金支出后的盈余是：

$510 - 300 = 210$（元）

$210 > 200$。

⑲

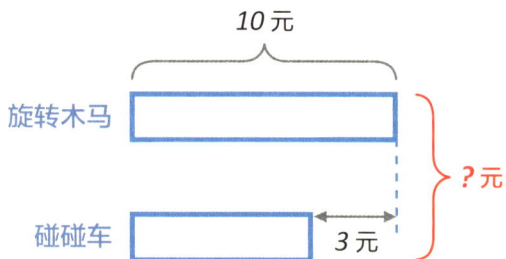

10元

旋转木马

碰碰车　　3元

?元

计算坐一次碰碰车要花多少钱：

$10 - 3 = 7$（元）

计算旋转木马和碰碰车各坐一次，要花多少钱：

$10 + 7 = 17$（元）

答：旋转木马和碰碰车各坐一次，一共要花 17 元。

20

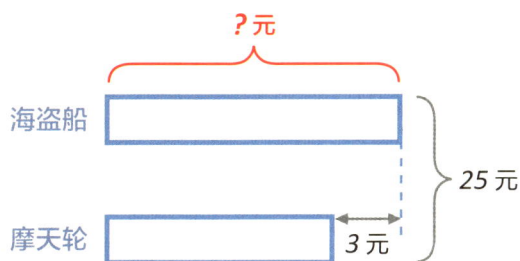

25 + 3 = 28（元）

28 ÷ 2 = 14（元）

答：海盗船的票 14 元一张。

21

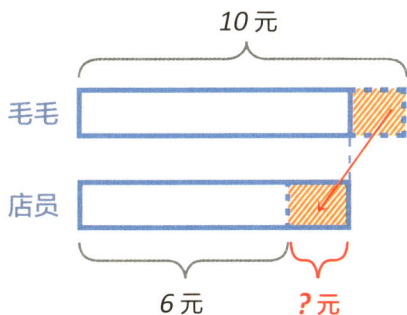

计算毛毛和店员一共有多少钱：

10 + 6 = 16（元）

计算付完雪糕钱后，毛毛还剩多少钱：

16 ÷ 2 = 8（元）

计算毛毛买雪糕花了多少钱：

10 − 8 = 2（元）

答：毛毛买雪糕花了 2 元。

22

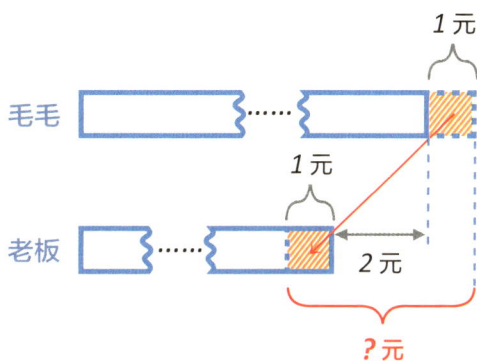

1 + 2 + 1 = 4（元）

答：买水前，毛毛手里的钱比老板手里的多 4 元。

英语小拓展

1

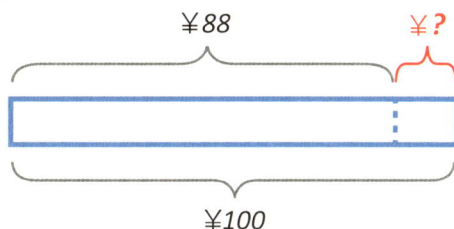

100 − 88 = 12

Tom would receive ￥12.

2

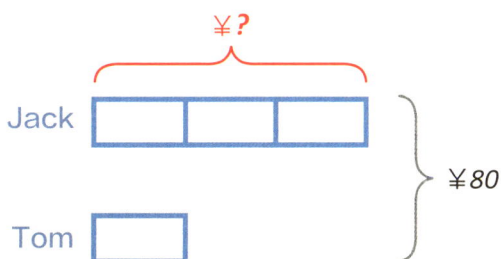

80 ÷ 4 = 20

20 × 3 = 60

Jack has ￥60.

第 2 章

❶

无标准答案，自由创作。

❷

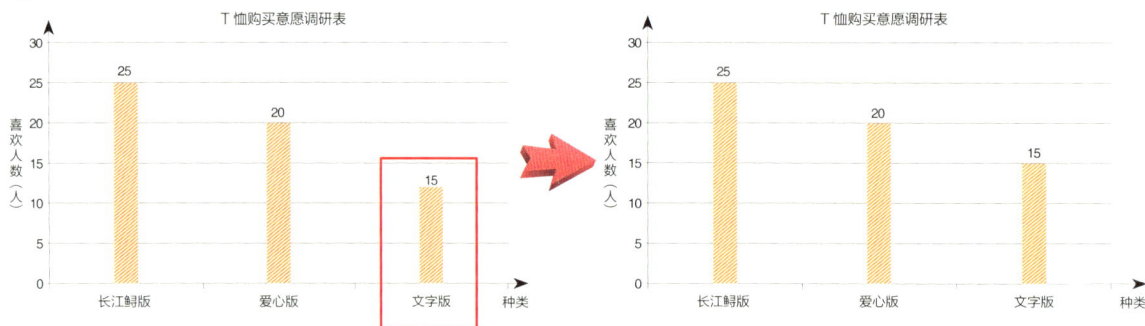

❸

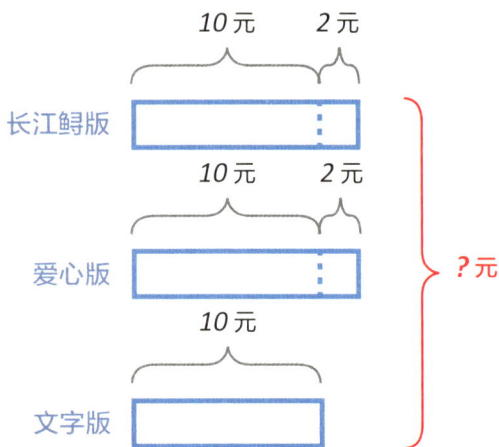

10 + 2 +10 + 2 + 10 = 34（元）

答：如果各制作 1 件，一共需要 34 元。

❹

做过市场调研后，选择不同版本 T 恤的人数由高到低依次是：长江鲟版（25 人）、爱心版（20 人）、文字版（15 人），所以最便宜的 T 恤是文字版 T 恤。

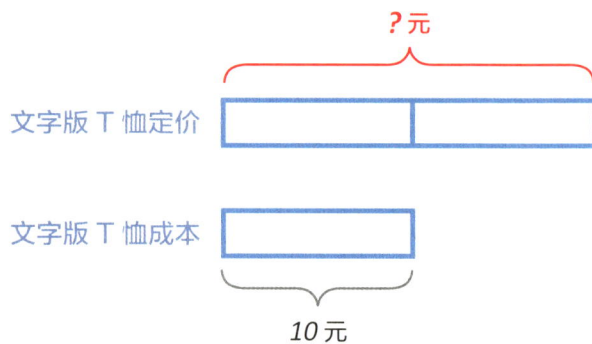

10 × 2 = 20（元）

答：最便宜的 T 恤是文字版 T 恤，每件的定价是 20 元。

5

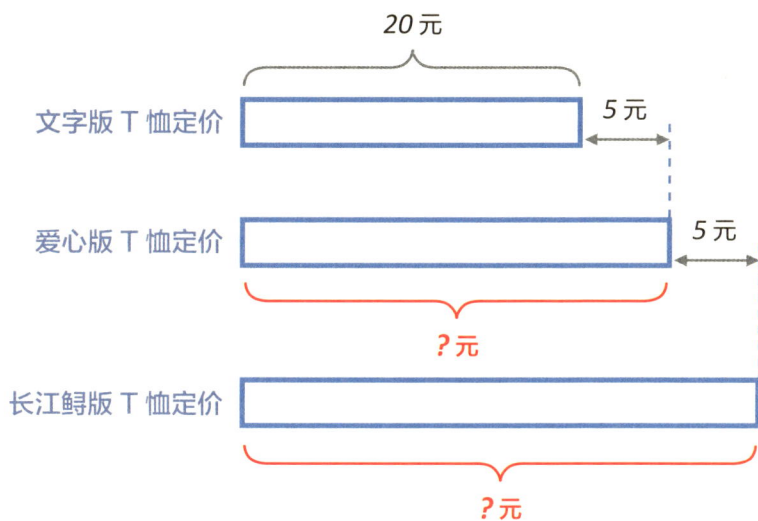

文字版 T 恤定价 20元 5元

爱心版 T 恤定价 5元

?元

长江鲟版 T 恤定价

?元

爱心版 T 恤定价：20 + 5 = 25（元）

长江鲟版 T 恤定价：25 + 5 = 30（元）

答：爱心版 T 恤定价是 25 元，长江鲟版 T 恤定价是 30 元。

6

（1）

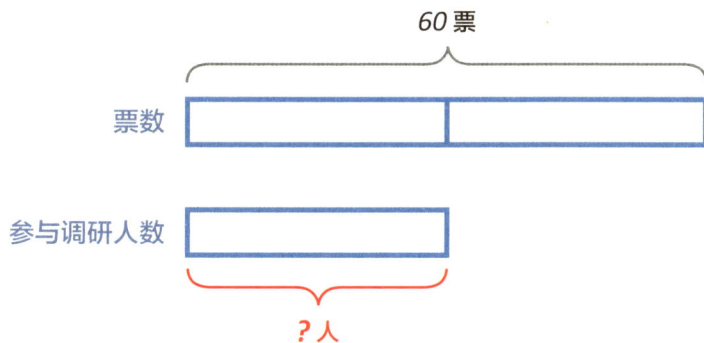

票数 60票

参与调研人数

?人

60 ÷ 2 = 30（人）

答：参与调研的人数是 30 人。

（2）

T 恤总的生产量等于参与调研的人数。

答：T 恤总的生产量是 30 件。

7

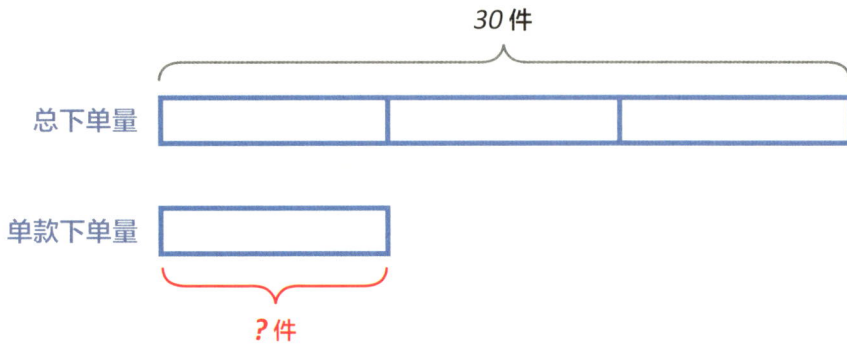

30 ÷ 3 = 10（件）

答：每款 T 恤生产 10 件。

8

9

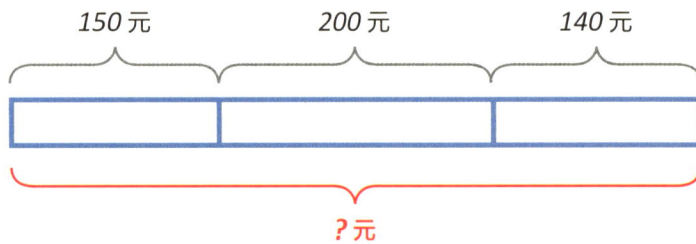

150 + 200 + 140 = 490（元）

答：T 恤一共卖了 490 元。

10

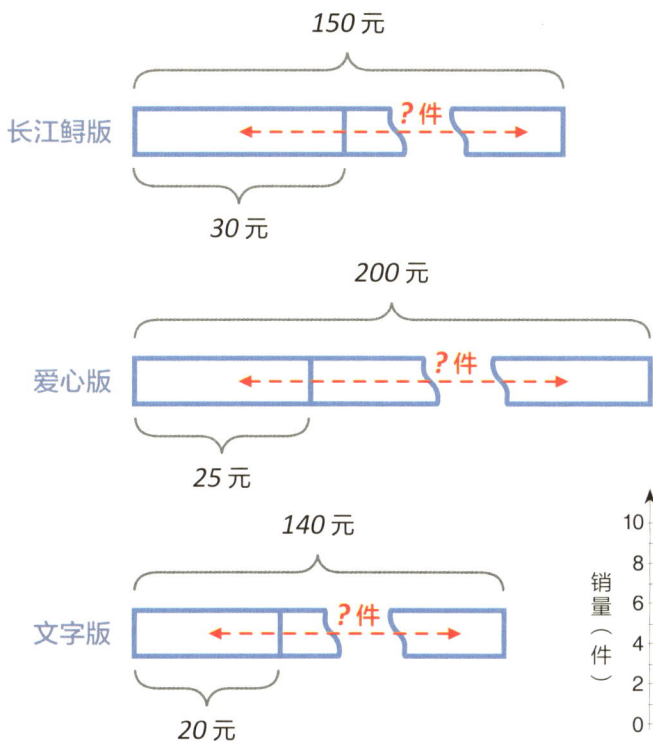

长江鲟版 T 恤卖出数量：

150 ÷ 30 = 5（件）

爱心版 T 恤卖出数量：

200 ÷ 25 = 8（件）

文字版 T 恤卖出数量：

140 ÷ 20 = 7（件）

所以画出的柱状图如下：

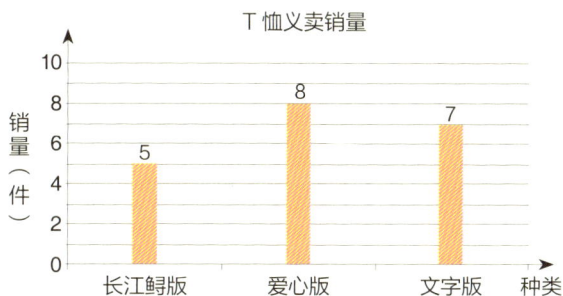

11

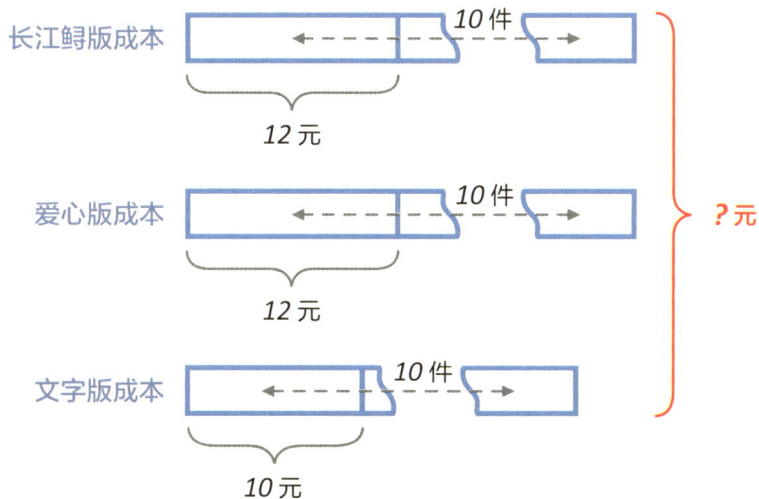

12 × 10 + 12 × 10 + 10 × 10 = 340（元）

答：T 恤的总成本一共是 340 元。

12

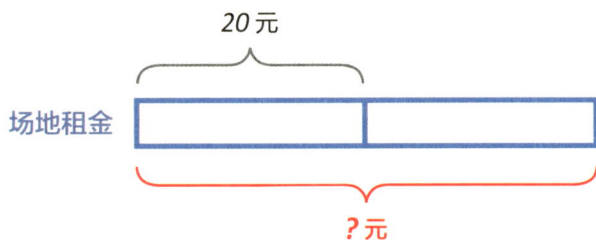

$20 \times 2 = 40$（元）

答：场地租金是 40 元。

13

义卖的总成本等于场地租金加上 T 恤的总成本。

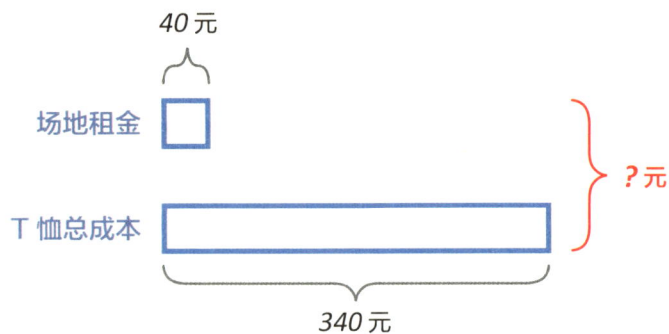

$40 + 340 = 380$（元）

答：这次 T 恤义卖的总成本是 380 元。

14

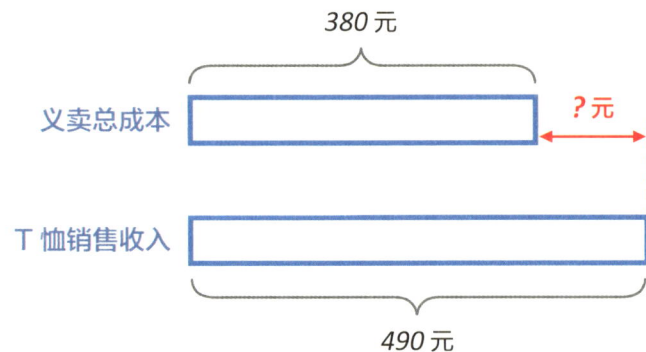

$490 - 380 = 110$（元）

答：这次义卖活动的利润是 110 元。

第 3 章

知识点学习

1 h = <u>60</u> min   90 s = <u>1.5</u> min

1 min = <u>60</u> s   3 min = <u>180</u> s

1 d = <u>24</u> h   1 h 24 min = <u>84</u> min

120 min = <u>2</u> h   155 s = <u>2</u> min <u>35</u> s

思维训练

1

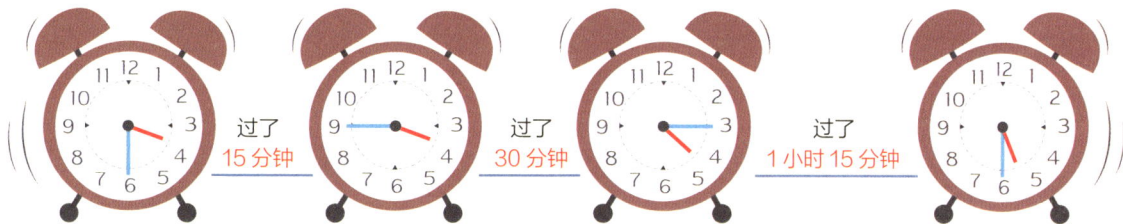

过了 15 分钟   过了 30 分钟   过了 1 小时 15 分钟

2

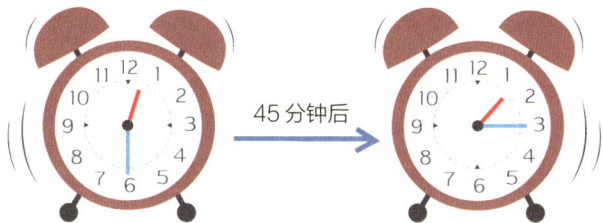

45 分钟后

3

开始时间	结束时间	时间长度
14:30	15:00	30 分钟
下午 1:15	下午 1:45	30 分钟
上午 7:30	上午 9:00	1 小时 30 分钟

4

开始时间	结束时间	时间长度
8:00 a.m.	9:15 a.m.	1h15min
16:45	17:30	45 min
8:00 p.m.	9:15 p.m.	1h15min

5

（1）

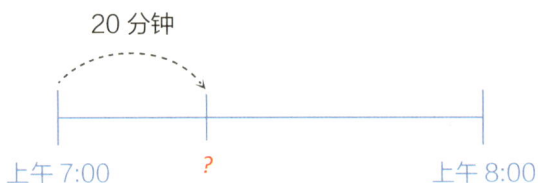

（2）

上午 7:00 + 20 分钟 = 上午 7:20

答：小明今天是上午 7:20 起床的。

6

（1）

（2）

17:20 − 17:00 = 20 分钟

答：爸爸今天在路上堵了 20 分钟。

7

（1）

（2）

14:15 − 14:00 = 15 分钟

答：小卓设定的烘烤时间是 15 分钟。

8

（1）

从电影票上，得出电影的开始时间是 15:40。

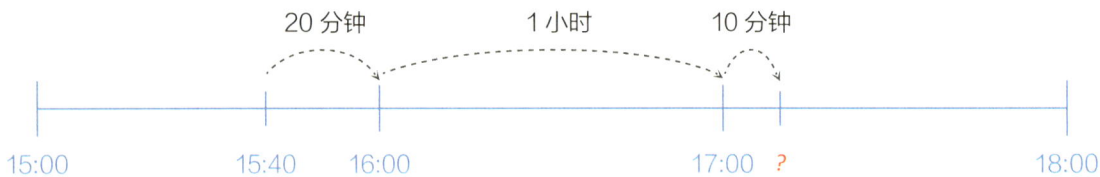

（2）

15:40 + 1 小时 30 分钟 = 15:40 + 20 分钟 + 1 小时 10 分钟 = 16:00 + 1 小时 + 10 分钟

= 17:00 + 10 分钟 = 17:10

答：电影 17:10 结束。

9

（1）

从高铁票上，得出高铁的发出时间是 15:00。

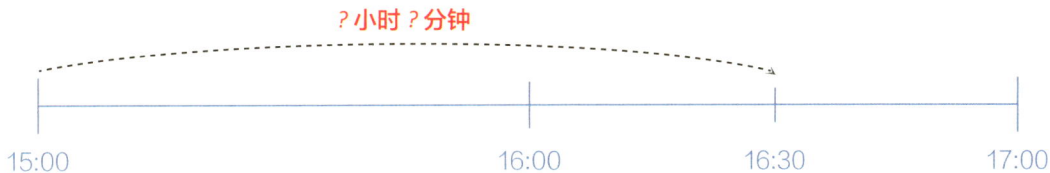

（2）

16:30 − 15:00 = (16:30 − 16:00) + (16:00 − 15:00) = 30 分钟 + 1 小时 = 1 小时 30 分钟

答：从南京到上海的高铁，耗时 1 小时 30 分钟。

10

（1）

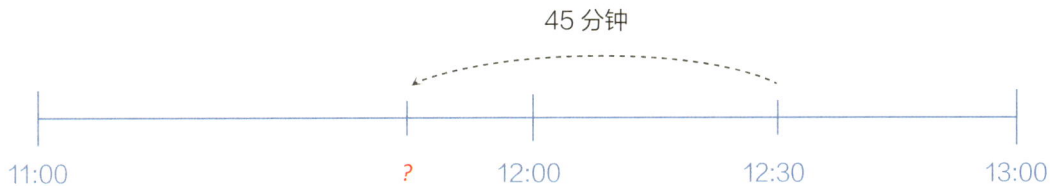

（2）

12:30 − 45 分钟 = 12:30 − 30 分钟 − 15 分钟 = 12:00 − 15 分钟 = 11:45

答：妈妈点餐时是 11:45。

11

（1）

从导航页面可知，现在导航上的时间是 7:30，导航到学校需要 30 分钟。

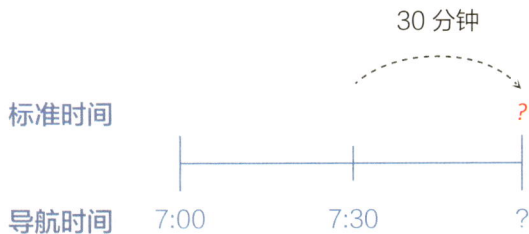

（2）

计算导航结束时，导航时间是几点：

7:30 + 30 分钟 = 8:00

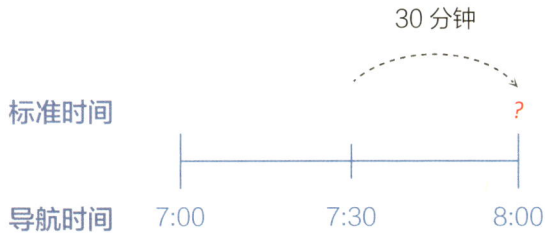

计算导航结束时，标准时间是几点：

8:00 + 15 分钟 = 8:15

答：爸爸和小明到学校时，标准时间是 8:15。

12

无标准答案，以下供参考。

（1）

学校下午 3:00 开始下午茶，到下午 3:30 结束。

请问下午茶持续了多长时间？

（2）

下午 3:30 − 下午 3:00 = 30 分钟。

答：下午茶持续了 30 分钟。

13

（1）

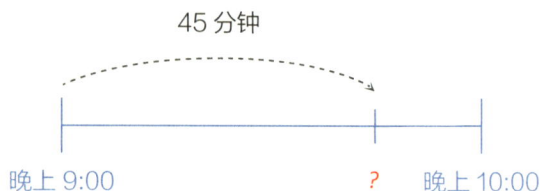

晚上 9:00   ?   晚上 10:00

（2）

晚上 9:00 + 45 分钟 = 晚上 9:45

晚上 9:45 = 9:45 + 12 小时 = 21:45

答：按 24 小时制，小明 21:45 上床睡觉。

14

（1）

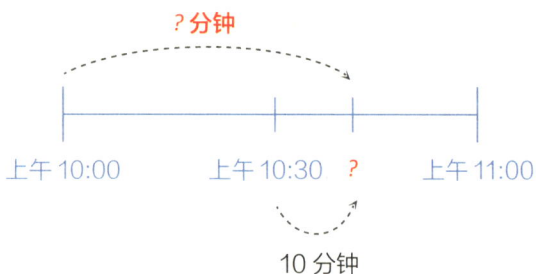

上午 10:00   上午 10:30   ?   上午 11:00

（2）

计算出到小卓家的时间：

上午 10:30 + 10 分钟 = 上午 10:40

计算出到小卓家需要用多长时间：

上午 10:40 − 上午 10:00 = 40 分钟

答：从小林家到小卓家要花 40 分钟。

15

（1）

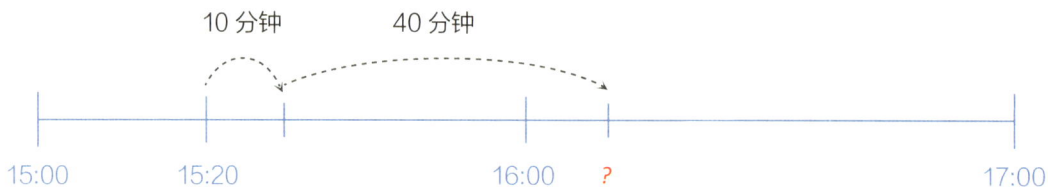

15:00   15:20   16:00   ?   17:00

（2）

计算出最后一节课的上课时间：

15:20 + 10 分钟 = 15:30

计算出放学时间：

15:30 + 40 分钟 = 16:10

答：小明 16:10 放学。

16

（1）

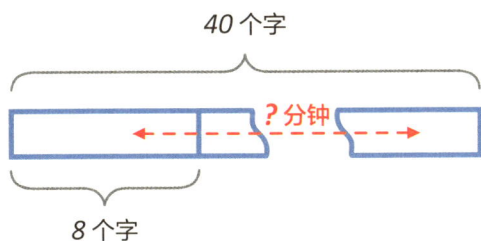

40 个字

? 分钟

8 个字

（2）

计算出小卓还要写多长时间的字：

$40 \div 8 = 5$（分钟）

计算出小卓晚上去睡觉的时间：

晚上 10:05 + 5 分钟 = 晚上 10:10

答：小卓晚上 10:10 会去睡觉。

17

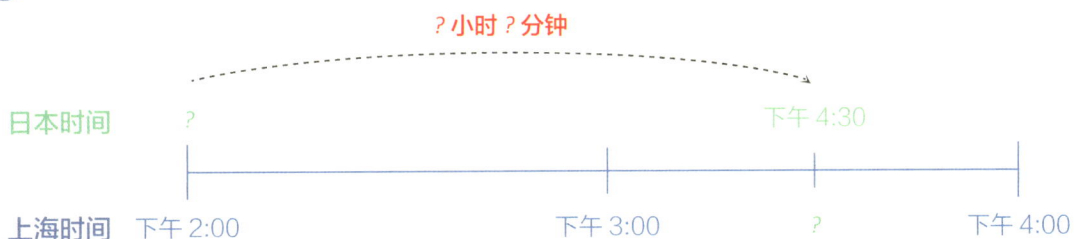

? 小时 **?** 分钟

日本时间　**?**　　　　　　　　下午 4:30

上海时间　下午 2:00　　　下午 3:00　　**?**　　下午 4:00

计算出上海下午 2:00 时，日本的时间：

下午 2 点 + 1 小时 = 下午 3:00

计算飞行时间：

下午 4:30 − 下午 3:00 = 1 小时 30 分钟

或

计算出日本下午 4:30 时，上海的时间：

下午 4:30 − 1 小时 = 下午 3:30

计算飞行时间：

下午 3:30 − 下午 2:00 = 1 小时 30 分钟

答：飞机的飞行时间是 1 小时 30 分钟。

18

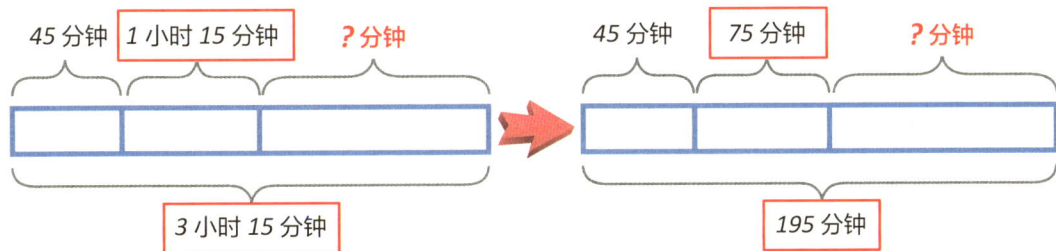

45 分钟　1 小时 15 分钟　**?** 分钟

3 小时 15 分钟

45 分钟　75 分钟　**?** 分钟

195 分钟

计算出长跑的时间。

$195 - 75 - 45 = 75$（分钟）

75 分钟 = 1 小时 15 分钟。

游泳	骑自行车	长跑
45 分钟	1 小时 15 分钟	1 小时 15 分钟

⑲

无标准答案，以下供参考。

（1）我和小明下午 4 点在体育场见面，小明说他在路上一共花了 30 分钟。请问小明是什么时间出发去体育场的？

（2）下午 4:00 − 30 分钟 = 下午 3:30

答：小明是下午 3:30 出发去体育场的。

⑳

（1）

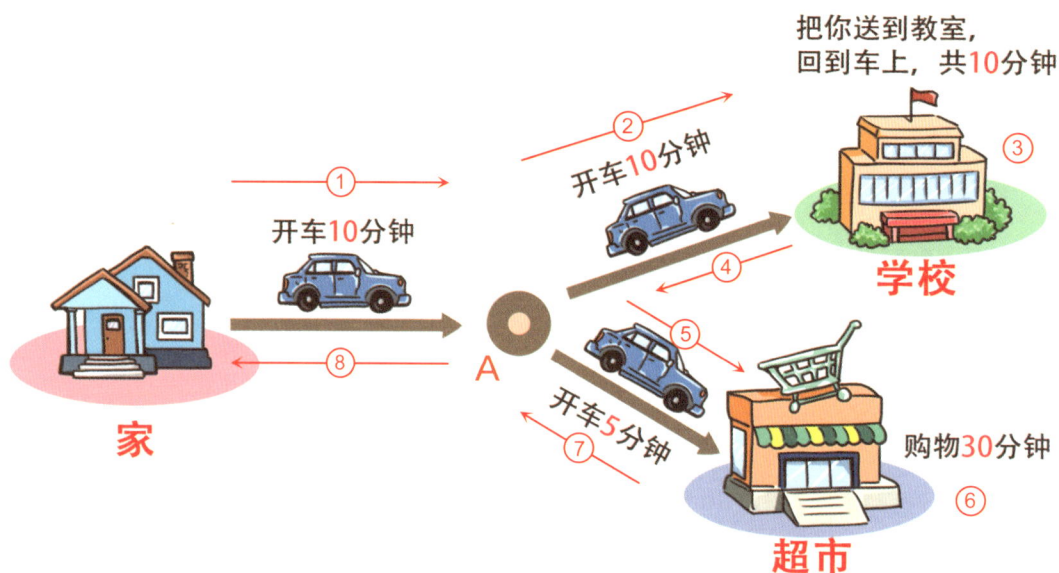

10 + 10 + 10 + 10 + 5 + 30 + 5 + 10 = 90（分钟）= 1 小时 30 分钟

答：一共需要 1 小时 30 分钟。

（2）

下面的方案用时最短。

1. 爸爸与你一起送妈妈到超市。

2. 爸爸送你到学校（这时候妈妈在超市买菜）。

3. 爸爸回去超市，把妈妈接上，然后一起回家。

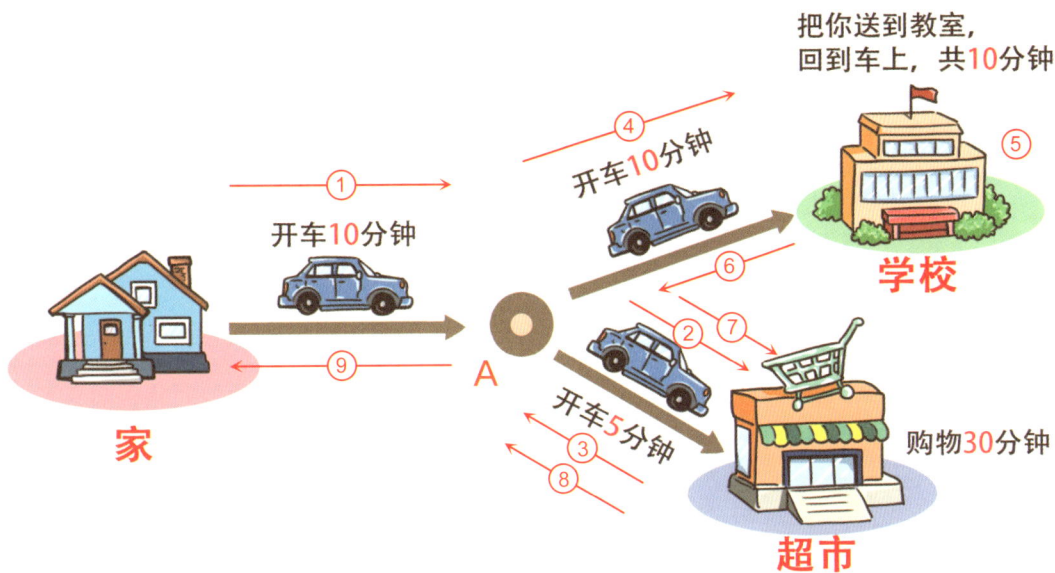

把你送到教室，回到车上，共10分钟

④ 开车10分钟

① 开车10分钟

学校 ⑤

⑥

⑦

② 开车5分钟

③

⑧

A

家

购物30分钟

超市

⑨

这个方案的用时是：

10 + 5 + 5 + 10 + 10 + 10 + 5 + 5 + 10 = 70（分钟）= 1 小时 10 分钟。

21

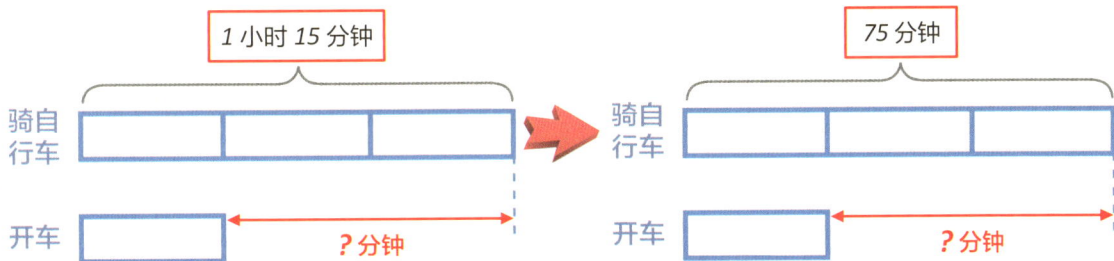

1 小时 15 分钟

75 分钟

骑自行车

骑自行车

开车   ? 分钟

开车   ? 分钟

1 小时 15 分钟 = 75 分钟

75 ÷ 3 = 25（分钟）

25 × 2 = 50（分钟）

答：爸爸骑自行车上班，比开车上班要多花 50 分钟。

㉒

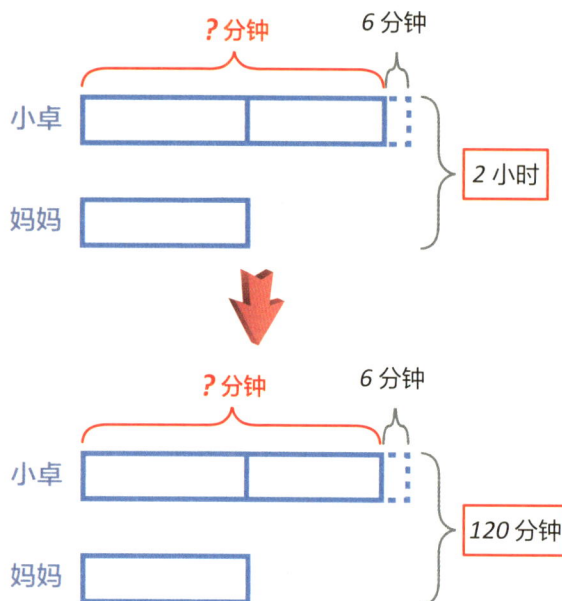

2 小时 = 120 分钟

120 + 6 = 126（分钟）

126 ÷ 3 = 42（分钟）

42 × 2 = 84（分钟）

84 − 6 = 78（分钟）

答：小卓花了 78 分钟。

英语小拓展

❶

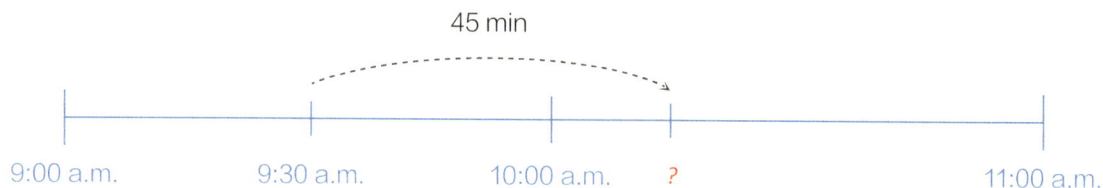

9:30 a.m. + 45min = 9:30 a.m. + 30min + 15min = 10:00 a.m. + 15min = 10:15 a.m.

The math lesson ended at 10:15 a.m..

❷

17:20 − 1h45min = 16:20 − 45min = 16:00 − 25min = 15:35

The movie started at 15:35 .

第 4 章

1

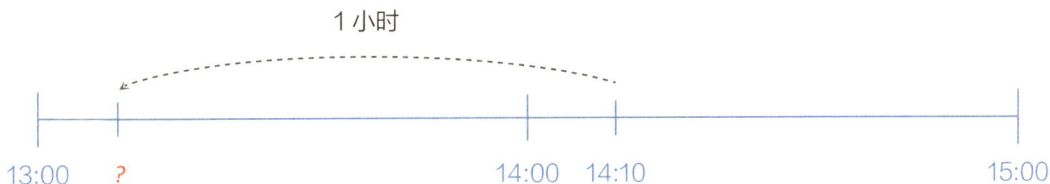

保安每隔 1 小时巡逻一次，上次巡逻的时间是：

14:10 − 1 小时 = 13:10

而上次巡逻的时候"地球之星"还在，因此"地球之星"是在这两次巡逻之间的时间段内不见的。

答：按照保安的说法，"地球之星"是在 13:10 至 14:10 之间的时间段里不见的。

2

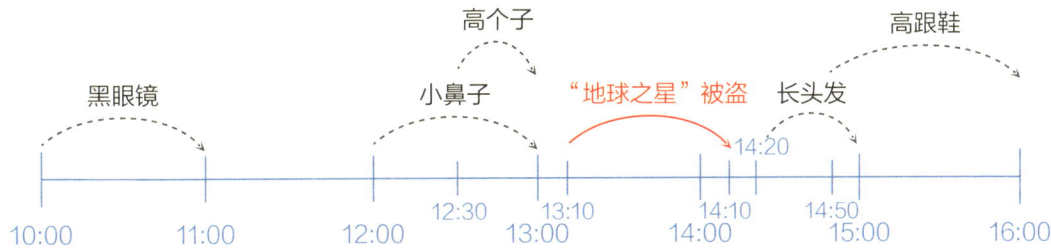

因为"地球之星"被盗时，没有人在博物馆参观。

3

福尔摩斯的怀表显示时间是 10:00，墙上的钟显示时间是 11:00，它们的时间不一样。

4

墙上的钟，被调快了 1 小时。

5

"地球之星"真正不见的时间是在 12:10 到 13:10 的时间段内。

6

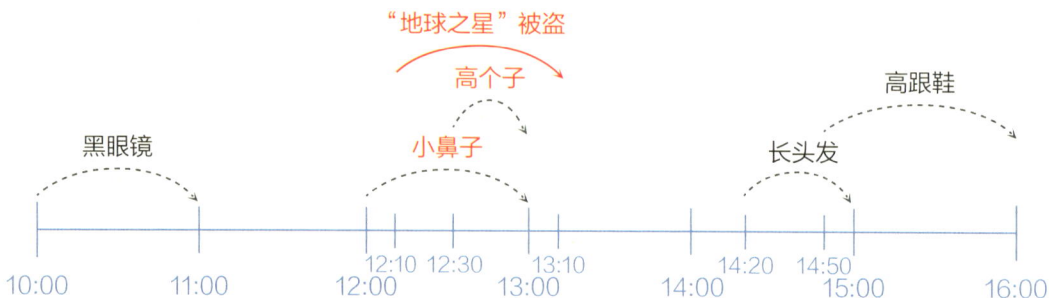

只要在"地球之星"被盗的时间段内，在博物馆参观的人都有嫌疑（不能单看进馆和出馆时间），因此"高个子"和"小鼻子"都有嫌疑。

7

因为"高个子"和朋友在电影院见面的时间是晚上 8:10，如果当晚他 8:00 从刀具店出发，到达电影院的时间是 8:20，所以他不可能是从刀具店赶过去的。

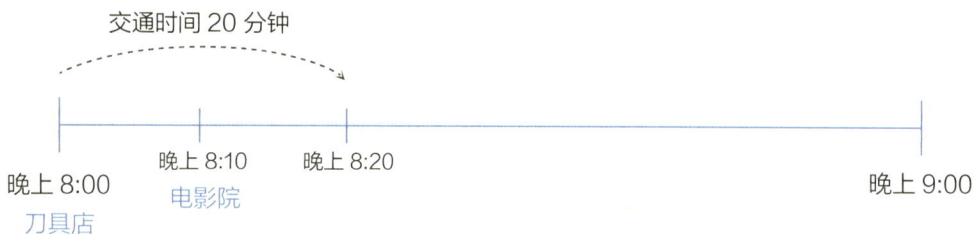

8

因为从时代广场到刀具店要 1.5 小时，所以从刀具店到时代广场也同样要 1.5 小时，如果"小鼻子"晚上 8:00 从刀具店出发，到达时代广场的时间是晚上 9:30，所以他是不可能晚上 9:00 就出现在时代广场的。

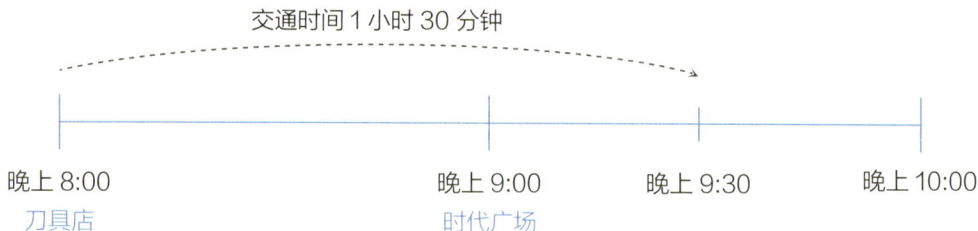

9

证据 1，"2020 年 12 月 30 日"这几个字是左右颠倒的。

证据 2，"时代广场"这几个字也是左右颠倒的。

证据 3，照片中的天色是白天，不符合"晚上 9:00"的特征。

10

"小鼻子"真实的拍照时间是 2020 年 12 月 30 日，下午 3:00。（通过镜子观察书中的图片，会很容易看出来真实的信息）

⑪

完全可以。

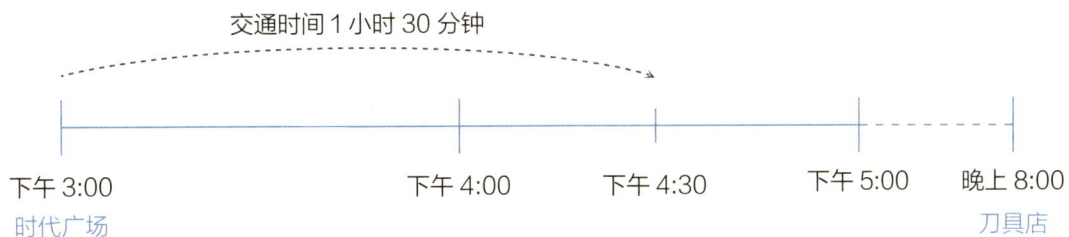

⑫

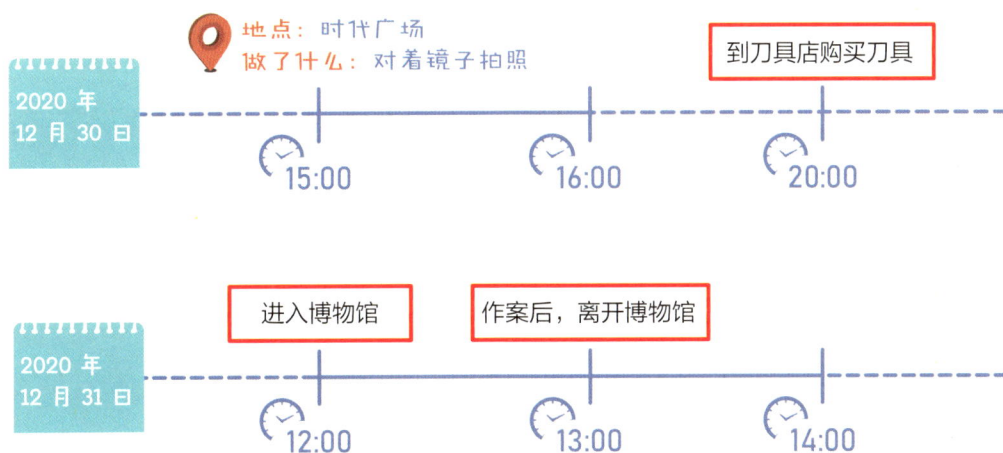